SHIDILI DE KEXUEKE
湿地里的科学课

中国湿地博物馆 组编

ERSHISI JIEQI YANZOUJIA

二十四节气演奏家

郑斯竹 李佳辰 著

浙江科学技术出版社·杭州

版权所有　　侵权必究

图书在版编目（CIP）数据

二十四节气演奏家 / 郑斯竹，李佳辰著；中国湿地博物馆组编. -- 杭州：浙江科学技术出版社，2025.6.（湿地里的科学课）. -- ISBN 978-7-5739-1738-6

Ⅰ. Q96-49

中国国家版本馆CIP数据核字第2025XQ8395号

丛 书 名	湿地里的科学课	
书　　名	二十四节气演奏家	
著　　者	郑斯竹　李佳辰	
组　　编	中国湿地博物馆	
出版发行	浙江科学技术出版社	
	杭州市拱墅区环城北路177号　邮政编码：310006	
	办公室电话：0571-85176593	
	销售部电话：0571-85176040	
排　　版	杭州万方图书有限公司	
印　　刷	浙江海虹彩色印务有限公司	
开　　本	710mm×1000mm　1/16	印　张　7.75
字　　数	150千字	
版　　次	2025年6月第1版	印　次　2025年6月第1次印刷
书　　号	ISBN 978-7-5739-1738-6	定　价　48.00元

责任编辑　潘黎明　　　**责任校对**　徐　岩
责任美编　金　晖　　　**责任印务**　叶文炀
插画设计　潘　懿

如发现印、装问题，请与承印厂联系。电话：0571-85095376

"湿地里的科学课"丛书编委会

主　编：章丹红

副主编：郑　娟　张　刚

编　委：(按姓氏拼音排列)

蔡　琰　姜伟俊　缪丽华

阮淑慧　王莹莹　杨海芳

于娜娜

春
Spring 2.4—5.4

立春　雨水　惊蛰
春分　清明　谷雨

花丛里的"甜蜜"误会　2
桃树上的"女儿国"　5
龙葵上的食物链　8
"螟蛉有子，蜾蠃负之"　11
蛾子也能像老虎一样贪吃　14
蜜蜂"蘸"蜜　17
模范夫妻　21
六条腿的"猎豹"　25
小小泳者　28

夏
Summer 5.5—8.6

立夏　小满　芒种
夏至　小暑　大暑

猎蛙者　32
池塘里的潜水健将　35
虫界"蜂鸟"　38
远古猎手　41
小虫"螗蝆"　44
别不把"屁屁"当武器　46
爸爸也可以是带娃能手　49
梁山伯与祝英台　52
"颜控"的茄二十八星瓢虫　55
林间泡沫秘事　58
会特技的微型"战斗机"　61
捕蚊能手　64

目录

冬
Winter 11.7—2.3

立冬　小雪　大雪
冬至　小寒　大寒

头上有犄角　96
井然有序的王朝　99
愿意付出一切的"折纸大师"　102
湿地环卫工　105
休眠"武士"和它的孩子们　108
奇妙的真菌农场　112

秋
Autumn 8.7—11.6

立秋　处暑　白露
秋分　寒露　霜降

图腾上的古老家族　68
昆虫界的"移民大亨"　71
夜空中的微光舞者　73
与尸为伍　76
水上的舞者　79
生命的启蒙者　82
秋天夜晚的乐队演奏家　84
草丛里的"武学高手"　87
屁事大曝光　90

立春 | 雨水 | 惊蛰 | 春分 | 清明 | 谷雨

春
Spring 2.4—5.4

立春 315°

太阳到达黄经315°时为立春。立，是『开始』之意；春，代表着温暖、生长。立春为岁首，万物起始，意味着一个新的轮回已然开启。在湿地的花丛中常见到食蚜蝇的身影。

花丛里的"甜蜜"误会

随着立春的脚步临近，大地渐渐从冬日的沉寂中苏醒，湿地中的生物们也开始蠢蠢欲动。草本植物最先行动：婆婆纳的蓝色小花星星点点地从枯草中探出头；刚结束休眠的蒲公英叶子已经舒展开，叶心里伸出的黄色小花蕾被春风吹得左摇右晃……哪里有花朵，哪里就有昆虫。花丛旁出现了几只蜜蜂，咦？怎么有一只居然只有一对翅膀！仔细观察，原来它不是蜜蜂，而是食蚜蝇。只是它腹部黑黄相间的斑纹会让见过它的人误以为其是一只蜜蜂。

食蚜蝇身体细长，头部一对大大的半圆形复眼特别明显。

它通过迅速扇动一对翅膀，让身体轻松地悬停在空中，甚至还会扭动腹部，模仿蜜蜂蜇刺的动作，使自己的行为更像蜜蜂。不过，食蚜蝇与蜜蜂仍有明显区别：食蚜蝇只有一对翅膀，比蜜蜂少一对，后翅已经退化成平衡棒；它的足相比蜜蜂的携粉足更加纤细；触角则短小像麦芒——这些都是蝇类典型的特征。食蚜蝇是植物的好伙伴，它们在幼虫阶段主要以蚜虫为食，也正是由于这一特殊的习（食）性，才得名食蚜蝇。

在开花的季节，食蚜蝇成虫常常在花丛中悬停，寻找花粉以获取交配所需的能量。雌性食蚜蝇将卵产在蚜虫密集的植物叶片背面，为即将孵化的宝宝创造一个阴凉舒适、食物充足的生活环境。大约产卵两天后，卵就能孵化成幼虫。食蚜蝇的幼虫呈蛆状，身体是浅黄色且透明的，看起来没有什么攻击性。但实际上，幼虫在一天之内能吃掉上百只蚜虫。幼虫专心进食，一周左右便能进入蛹期，再经过一

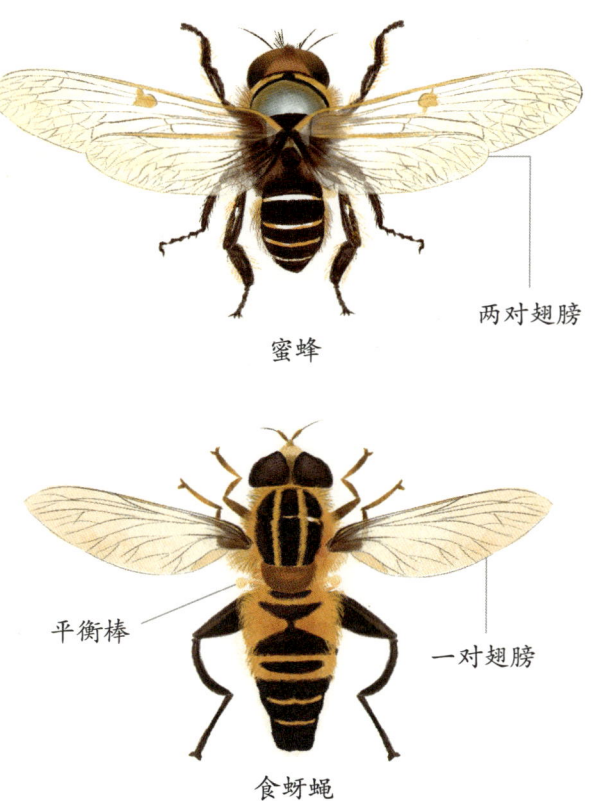

蜜蜂　　两对翅膀

平衡棒　　一对翅膀

食蚜蝇

周左右便会羽化为成虫。

食蚜蝇成虫的寿命其实很短,只有2—3周,但它们的繁殖能力很强,一年内能够繁殖多代。酷似蜜蜂的外形特点能够帮助食蚜蝇在局部地区成为具有优势的传粉昆虫,并躲避天敌的袭击。

这种模仿蜜蜂的"欺骗性"行为在动物界中相当常见,被认为是生物长期适应环境的必然结果,在生物学中被称为"拟态"。"拟态"是生物的一种重要生存策略,指某一物种模仿另一物种或物体的外貌、颜色、声音或行为,以便在生态系统中获得优势,最终提高生存和繁殖的成功率。像食蚜蝇这种乔装打扮的行为在生物学上被称为"贝氏拟态",指一种无害的物种在形态、色型和行为上模拟另一种有毒且不可食的物种,从而躲避攻击,让自己更加安全。当食蚜蝇混在蜜蜂群中取食花粉时,就如同戴上了一个护身符,能借助蜜蜂的"虎威"吓退潜在的敌人,并像蜜蜂一样"甜蜜"地活着。

"打扮"成蜜蜂的长相"狐假虎威",是食蚜蝇家族在演化长河中获取的一项特殊技能。看似欺骗的行为实则是一种在弱肉强食的大自然中延续种群、适应环境的生存策略。

雨水 330°

太阳到达黄经330°时为雨水。春天的雨水润物无声,让枯木逢春,种子萌发,湿地中渐渐呈现出一派欣欣向荣的景象。湿地中桃树、芦苇、乌桕树、漆树的嫩叶背面经常会被一群芝麻大小、颜色各异的蚜虫所占据。

桃树上的"女儿国"

随着绵绵细雨渗入土壤,干涸的大地上又蓄积起一片片水洼,这些微型湿地中的植物比赛似地发出新芽。这时,在桃树新梢的背面悄悄聚拢起一些和芝麻粒大小相仿的虫子。不久后,这些刚萌发的桃叶会随着时间推移变得皱缩卷曲,外层还会覆盖上一层沾满黑灰色霉菌的"黏液",如同刚熔化的麦芽糖。

导致桃叶枯败的就是这些微小的虫子——桃蚜。桃蚜是半翅目蚜科动物,是蚜虫的一种。它们的口器(昆虫用来进食的器官)又细又长,能轻松穿透嫩叶的表皮,吸取植物细胞中的汁液。它们吃饱后，腹部鼓胀至高高隆起，腹部末端还伴随着一根筒状的长腹管，犹如微微上翘的椭圆形"花苞"。仔细观察这些小型"花苞"，我们时常会在其腹管尖端发现一滴半悬的露珠。这滴露珠是桃蚜吸食植物汁液之后通过消化而分泌出的"蜜露"。甘甜的蜜露极易吸引各类霉菌滋生，还会招来热衷于采集"蜜露"的蚂蚁。有时为了获得"蜜露"的持续供应，蚂蚁会像人类饲养奶牛一样圈养蚜虫，在极端天气时还会

将它们搬到蚁穴中照料。因此，在蚜虫的活动区域中，我们常常能看到来来往往采集"蜜露"的蚂蚁。

此时的桃蚜大多是没有翅膀的雌虫，雌虫们会以孤雌生殖的方式迅速扩张种群。孤雌生殖是指雌虫产下的卵不经过受精就直接发育成正常个体，这些个体不但携带有母体的全套遗传物质，而且基因会进行重组。因此，孤雌生殖的后代都是独立的不同个体，而不是母体的复制品。

为了提高后代的存活率，桃蚜雌虫会先让卵在体内孵化，再产下若虫，这种"卵胎生"方式类似于哺乳动物的胎生。孤雌生殖的后代全部为雌性，出生即具备独立生存的能力，且仅需5—7天的时间，它们就能通过孤雌生殖继续繁殖下一代。桃蚜的寿命约3个月，一只桃蚜一年内可通过孤雌生殖繁衍出20—30代后代，因此在一株植物上经常可以看到桃蚜家族六七代同堂，形成如同"女儿国"一般的热闹景象。

当桃蚜组建的"女儿国"面临环境条件或营养条件比较恶劣的情况时，雌蚜会将生殖方式迅速切换为两性生殖的方式。这种情况往往发生在冬季，食物的匮乏会让庞大的蚜虫种群难以为继。这时，种群内会繁育出有翅的雌性和雄性个体，翅让蚜虫具备了短暂的飞行能力，确保它们能够找到合适的伴侣进行交尾，并抵达新的繁育地点（通常在植物组织内）产下受精卵。这些受精卵不需要食物，对环境要求也较低，是蚜虫们度过不利情形的最佳虫态。当植物再次丰茂、天气转暖之际，桃蚜又迅速切换回将食物资源利用到极致的孤雌生殖模式。

　　这套完美的生殖模式是整个蚜虫种族在自然选择下进化出的极致生殖策略，帮助蚜虫这个在约2.8亿年前的二叠纪时期就出现的古老物种一直延续至今。如今，蚜虫已经成为世界上种类最多、分布最广、数量最大的昆虫种类之一。无论是高山平原，还是戈壁湿地，只要有植物存在的地方，仔细寻找就会发现蚜虫的踪迹。

龙葵上的食物链

　　食物链就如同一场复杂的捕食游戏，其中的每个生物都扮演着自己独特的角色。植物通过吸收阳光合成有机物，兔子以植物为食，而狼则捕食兔子。这种游戏在自然界中随处可见，即便是湿地中的一棵微小的龙葵也不例外。

　　在湿地这个生态系统中，经历过一个孤雌生殖周期的蚜虫密密麻麻地爬满龙葵嫩叶，而嫩叶中鲜嫩的汁液通过它们针头般的刺吸式口器源源不断地流入蚜虫圆圆的腹部。一只黑底红斑的异色瓢虫静静地趴在蚜虫群中，口中咀嚼着蚜虫的残肢，其他蚜虫却没有逃离，仿佛默许了捕食者的行为。为什么蚜虫不逃跑呢？这是因为在进化的初期，蚜虫舍弃了身体的灵活性，选择了极致的繁殖力作为生存策略。蚜虫圆润的身体和细长纤弱的足更适合生殖，而不适合奔跑。

早春,龙葵在适宜的温度下率先萌发,藏在植物组织中越冬的蚜虫的卵也随之孵化。第一代蚜虫会迅速且准确地找到龙葵,并爬上最幼嫩的叶芽,开启孤雌生殖模式。

龙葵可不会乖乖束手就擒,当蚜虫的口器刺破叶子的表皮时,它会立即释放挥发性化学物质以发出警报。蚜虫数量越多,龙葵伤口散发的化学物质味道就越浓烈。这些味道容易被异色瓢虫、食蚜蝇等蚜虫的天敌察觉,帮助它们在广阔的湿地中快速搜寻体长仅仅几毫米的蚜虫。异色瓢虫还会利用颜色信息来判断寄主植物上猎物的丰富程度,如它们对黄色茎叶更为敏感,这是因为植物在受到侵害时最初表现的症状就是变黄。这一系列植物、植食性昆虫、捕食性昆虫间的生态互动为我们展现出一幅复杂而精妙的生态画面。

而在异色瓢虫这个种群中,也有相当独特的生存方式。异色瓢虫不仅仅是蚜虫的爱好者，由于其巨大的食量，它们在野外常面临食物不足的问题，因此鳞翅目昆虫的卵和幼虫，甚至异色瓢虫自身都是其猎食的对象。对于刚孵化的异色瓢虫幼虫而言，未孵化的同胞卵是最安全、最充足的食物来源，能显著提高自身的存活率，所以先孵化的幼虫会优先捕食自己的同胞。

虽然自相残杀是自然选择的必然结果，但过度的自相残杀会威胁种群的发展。因此，为了平衡个体和整个家族的利益，异色瓢虫进化出一套"自相残杀代价清单"，让幼虫们尽量避免同胞竞争。如同一卵块中早孵化的幼虫如果去捕食尚未孵化的卵，雌虫会增加体重，而雄虫不会明显增重，也就是说"吃了也等于白吃"；而无血缘关系的异色瓢虫过度捕食同种个体会导致生殖力显著下降。这也促使异色瓢虫幼虫进化出对同胞幼虫的识别能力，即通过正确识别与自己有亲缘关系的幼虫来降低同胞自残率。这一系列自然选择的结果帮助异色瓢虫族群形成了尽量不自相残杀的默契。

虽然异色瓢虫在这片龙葵叶片上是霸主般的存在，但食物链永远不会就此简单终结。蜘蛛、鸟类将相继出现，捕食异色瓢虫，从而继续推动能量的流转，形成一个永无休止的生死循环。而在这片湿地中还有无数条食物链，随着季节的更替不断涌现。

惊蛰

345°

太阳到达黄经345°时为惊蛰。"惊"指惊醒,"蛰"为藏伏。昆虫入冬藏伏土中,天上的春雷惊醒蛰虫。随着阳气上升、气温回暖、春雷乍动,湿地里一派生机勃勃的景象。

"螟蛉有子,蜾蠃(guǒ luǒ)负之"

"东风解冻,蛰虫始振。"随着气温逐渐回升,越来越多的昆虫爬出越冬地,开始新一年的生活。此时,藏在湖边干枯的芦苇秆里的一只蜾蠃宝宝即将羽化,妈妈上一年为它留下的食物已经消耗殆尽,而它将成长为一只捕食凶猛、飞行迅速的细腰胡蜂——"蜾蠃"。

《诗经》有云:"螟蛉(míng líng)有子,蜾蠃负之。"古人观察到蜾蠃会把半死的螟蛉幼虫带回巢穴,似乎想把螟蛉幼虫当作自己的孩子来抚养。蜾蠃振翅的声音好像是在一个劲地祈祷:"孩子要像我一样!孩子要像我一样!"而巢穴中的孩子孵

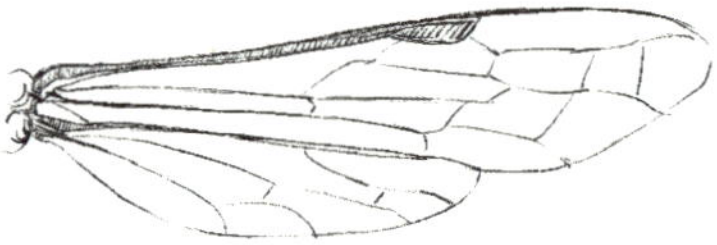

翅

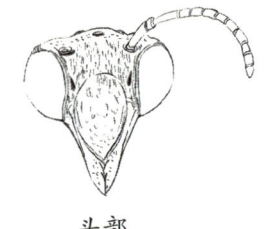

延长的中胸柄节和腹部

头部

化出来的昆虫又很像螟蛉。古人便错认为蜾蠃不产子，养螟蛉为子，因而把"螟蛉"或"螟蛉子"作为养子的代称。

　　这其实是古代观察者因为两者外观相似而形成的一种误解，古人认为飞出来的是螟蛉，其实是蜾蠃。蜾蠃属于膜翅目胡蜂总科，而螟蛉通常指的是稻螟、棉螟、菜粉蝶等鳞翅目昆虫的幼虫。从现代昆虫分类学的角度来看，蜾蠃和螟蛉属于不同的目，它们在分类上相距甚远。这种混淆不仅是外观混淆（幼虫与成虫差异大），还源于对寄生行为观察的局限。古人未观察到巢内昆虫后续发展过程（蜾蠃幼虫孵化后取食螟蛉幼虫），误以为螟蛉变成蜾蠃。从现代科学的角度来看，蜾蠃和螟蛉是两个不同的生物类群，它们之间的关系也并非亲子关系，而是捕食寄生关系。

蜾蠃与其他胡蜂不同，它们通常不构筑巢穴，而是四处漫游。只有在雌蜂产卵时，才会衔泥筑巢。大多数蜾蠃是天生的建造师，它们会先选择一个地方取水，然后飞到取水点附近的土地，通过喷水使周边的泥土湿润。接着，它们使用上颚，用左右开合的方式来挖掘泥土，同时向后推进，并用前足和上颚支撑着泥球，使之逐渐变大。在整个挖泥的过程中，蜾蠃也会通过触角不断接触，判断泥球的大小。

完成泥球后，蜾蠃妈妈会飞到树皮裂缝或树冠中的筑巢点，将泥球堆砌成一个个完美的小泥壶，因此也有人将蜾蠃称为泥壶蜂。泥巢修好后，蜾蠃妈妈会在每个巢里产下一颗卵，并用丝将其悬挂在巢的内壁。一些不擅长建造巢穴的蜾蠃，则会直接将卵产在竹子或芦苇的内壁上，然后用泥土密封。

完成筑巢后，蜾蠃妈妈会外出捕捉鳞翅目昆虫的幼虫，其中就包括螟蛉幼虫。蜾蠃妈妈会先使用蜇刺来麻醉捕获到的幼虫，然后将它们储存在巢穴内，供自己的孩子孵化出来后食用。一个巢穴中通常储存有二三十条幼虫。当储存足够的食物时，蜾蠃妈妈会用泥封住巢穴口，然后翩然离开。蜾蠃给自己幼虫捕食的高明之处在于，蜾蠃的毒液并不会直接置被捕获的幼虫于死地，而是作用于它们的神经中枢，使其长期昏迷。这种方式确保了刚孵化的蜾蠃幼虫能吃到活的"猎物"，以满足它们在蛹期的生长发育需求。

因此，"螟蛉子"的说法纯属是古代人在观察昆虫时不透彻，受限于当时的科学认知水平，加上对昆虫行为的想象形成的传说。这类传说就和腐肉生蛆、腐草生萤差不多，都是对自然现象的片面观察。这些观察虽然只是古代人民对昆虫生活习性的浅显认识和研究，但也为文化传承增添了一抹亮丽的色彩，反映了先民试图解释自然的探索精神。

蛾子也能像老虎一样贪吃

老虎是世界上最大的猫科动物之一。提起老虎，我们总能想到"野性""凶猛""力量"等词。老虎生活在森林之中，但我们今天说的"老虎"却生活在地底下，人们叫它"地老虎"。

地老虎是鳞翅目夜蛾科昆虫，光我国记载的地老虎就有170余种，已知会危害农作物的大约有20种。其中战斗力强悍的有5种：小地老虎、黄地老虎、大地老虎、白边地老虎和警纹地老虎。在这五种"老虎"中，小地老虎最具危害性。已知的小地老虎寄主植物多达106种，包括豆科、十字花科、百合科等作物。它们主要危害苗期作物，低龄幼虫群居于幼苗顶心和嫩叶上，不分昼夜地持续危害作物。三龄之后的小地老虎幼虫

开始分散危害，经常把咬断的幼苗嫩茎拖入土穴中取食，好像老虎捉到猎物后把尸体拖回山洞一样。由于作物受害后造成缺苗断垄，严重时还要毁苗重播，所以小地老虎又名"切根虫"。

除了贪吃的本性，小地老虎还表现出"贪色"的特征。雄性小地老虎对雌性格外敏感，能够在相当远的距离外嗅到同类雌性的气味，并蜂拥而至，对配偶展开追求。这出色的择偶能力依赖于小地老虎触角上的多种感器结构。科学家通过扫描电子显微镜，发现小地老虎触角上至少有5种不同类型的触角感器，分别为毛形感器、刺形感器、锥形感器、腔锥形感器、鳞形感器。不同的感器具有不同数量的神经元，如每个毛形感器具有2—3个树突神经元，锥形感器有12—25个树突神经元，腔锥形感器则拥有4—7个树突神经元。这些不同类型的感器可以帮助它们识别不同的化学物质。

雄性小地老虎对雌蛾释放的性信息素表现出极高的趋性，这个发现为科学家提供了一个思路，即通过干扰昆虫的嗅觉识别系统，从而有效防治目标昆虫。这个思路为害虫生物防治带来了新的可能性。科学家通过深入研究昆虫的性信息素以及它们对这些信号的反应来制订更为精准、环保的防治策略。这种方法有望取代传统的农药防治，在减少对环境影响的同时提升害虫防治的效果。这不仅有助于提高农业生产的可持续性，还为生态友好型害虫管理提供了一条创新的途径。

春分

太阳到达黄经0°时为春分。"分"有两个含义：一是"季节平分"，从节气意义上讲，我国以立春到立夏为春季，而春分正好平分了春季；另一含义是"昼夜平分"，在春分这天，太阳直射赤道，昼夜等长。此时湿地中的昆虫已经较为常见。

蜜蜂"蘸"蜜

随着春分的脚步近了，大地逐渐走向日夜均衡，昆虫们也急不可耐地扎进自己的领地。湖岸边一排排迎春花枝条细长，每朵小黄花都成了繁忙的蜜蜂光顾的地方。尽管迎春花的数量可观，但每朵花所含的花蜜量却相当有限。据说，为了采集0.5克花蜜，蜜蜂需要访问至少100朵花。因此，蜜蜂的工作效率极高，而这种高效也体现在蜜蜂采蜜的方方面面。

蜜蜂会优先选择那些蜜腺明显、便于着陆的"蜂媒花"，同时会避开花蜜含量较少的花苞或刚刚开放的花朵。一旦在目标花上停稳，蜜蜂会迅速将自己的口器深入花蕊之中，"蘸"取

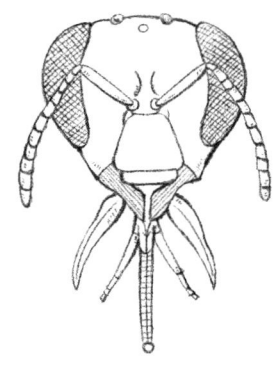

蜜蜂的"嚼吸式口器"

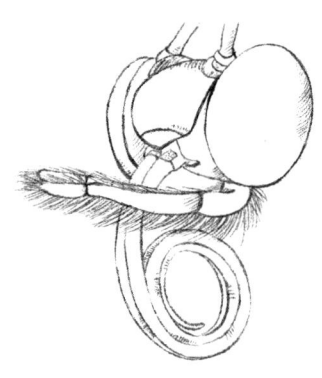

蝴蝶的"虹吸式口器"

花蜜后再慢慢地缩回口中。因此，我们观察蜜蜂采蜜时，可以看到它的嘴巴（嚼吸式口器，包括咀嚼和吮吸）总是不停地动来动去。

这张忙碌且高效的嘴巴，正是蜜蜂勤奋工作的秘密武器。蜜蜂的嘴巴结构非常复杂，分为多个部分，它们相互组合起来，协助蜜蜂进行花粉咀嚼、巢穴筑建以及花蜜采集。在采蜜之前，蜜蜂的下颚和下唇合并而成一个吸食管（不用时则分开并折叠在头下），以保持在饮食过程中嘴巴的稳定，防止花蜜流失。吸食管中存在一块类似舌头的结构，被称为中唇舌，它是蜜蜂采蜜的核心工具。中唇舌能够帮助蜜蜂迅速而反复地执行蘸取花蜜的动作，从而提高采蜜的效率，减少蜜蜂在采蜜过程中消耗的能量。这种精巧的嘴巴结构是蜜蜂适应并高效利用花蜜资源的重要进化特征。

同为花间使者的蝴蝶，其嘴巴结构（虹吸式口器，适用于吸食花管底部的蜜）则相对简单，它们的喙状口器就像一根长长的吸管。在不使用时，这根"吸管"可以卷曲起来，就像一个卷曲的弹簧或发条（有弹性、可伸缩）藏在蝴蝶的头部下方。当需要吸食花蜜时，蝴蝶会将喙伸直，插入花蕊底部，从而吸取花蜜。吸蜜的动力则由蝴蝶头部的吸食泵提供。

蝴蝶喙的表面有大小不一的孔状结构，这些结构会在蝴蝶吸食时产生毛细力，帮助它们从不同表面吸食食物。听起来"吸"似乎更快且省力，然而，对于饮蜜昆虫而言，花蜜越浓稠，吸食时耗费的能量就越多。相比之下，蜜蜂采用"蘸"的方式，无论花蜜的浓度如何，都能高效地取食，且特别适应需要采集大量花蜜的情况。蜜蜂的"蘸"策略在能量效率上确实优于蝴蝶的"吸"，不过二者适应不同的生态位，各有优势。

在工蜂的生命周期里，不同阶段有着不同的存活时长和任务。越冬前出房但未参加哺育等工作的工蜂，由于没有参与高强度的工作，存活时间相对较长，大约为150—180天。一旦工蜂开始参与哺育等工作，特别是参与采蜜工作后，寿命就会显著缩短。在采蜜工作期间，工蜂的寿命通常只有30多天，其中可以胜任采蜜工作的时间大约为20天。

工蜂采蜜需要付出巨大的努力，从一朵花到另一朵花，只为给蜂群带回足够的食物。随着体力下降，当工蜂不再能背负繁重的采集工作，它们就会转变为侦察蜂，负责寻找最优的蜜源，为整个蜂群提供及时的信息，直到它们的生命终结。

以花粉和花蜜为食的昆虫种类大约有2万种，除了蜜蜂、蝴蝶，还有蛾类、甲虫等昆虫，它们的传粉方式及效率千差万别，但效率最高的还是蜜蜂。它们的工作帮助许多植物授粉和繁殖——蜜蜂在采蜜的过程中，身上会黏附花粉，从而在飞行中传播花粉，实现了植物的繁殖。这对于许多农作物和自然植物的生命周期来说至关重要。

15. 清明

太阳到达黄经15°时，为清明。清明时节"气清景明、万物皆显"，阳光明媚、草木萌动、百花盛开。在一派生机勃勃的景象中，许多湿地中的昆虫也迎来了自己的繁殖季节。

模范夫妻

清明时节，大地如同被涤荡过一般清新宁静，昆虫在这悠然的气息中展开了它们独特的生命之旅。此时正值白蚁繁殖期，是白蚁生命周期的重要阶段，也是一年中人们观察它们的最好时机。随着白蚁"婚飞"期（又称"分飞"期）的来临，有翅的繁殖蚁纷纷从枯树或地下蚁巢中爬出，抖开翅膀，飞向湿地中白蚁家族世代"婚飞"的场所，去挑选心仪的爱人。这也是湿地中最容易发现白蚁的时间。

大部分白蚁奉行"一见钟情"，它们的相亲速度非常快，只需互相"对眼"（通过化学信号与触角交流），雌、雄蚁就会迅速飞落地面，翅膀脱落，呈现成对追逐的景象。交配后的雌、雄成虫经过一段时间，开始寻找适宜的场所，建筑新的巢穴。别看它们的恋爱进展迅速，感情却深厚而持久。进入巢穴后，雄蚁通常会用口器舔舐雌蚁的腹部，以展现自己的深情厚谊。待雌蚁开始产卵并繁衍后代，创建新的群体，雄蚁依然会留在巢穴中陪伴雌蚁。它们共同构筑即将诞生的王国，并成为新的蚁后和蚁王。它们感情和谐，终生过着"一夫一妻制"的婚姻生活。当然这种行为其实由基因驱动，也是群体利益最大化的决定，是一种"合作繁殖策略"。

　　白蚁是一种多形态的社会性昆虫，通常可分为繁殖型和非繁殖型两大类。繁殖型的白蚁根据翅膀的长短分为长翅型、短翅型和无翅型。长翅型白蚁如同家族中的将军，负责在外开疆拓土，是最为常见的白蚁类型；短翅型白蚁又称为补充型繁殖蚁，当食物短缺迫使部分工蚁和兵蚁离开主群体到远处寻找食物和水源时，它们失去了与主群体的联系，只能组成小群体，并在群体内部产生补充型蚁王和蚁后，最终形成新的独立群体；而无翅型蚁王和蚁后相对较为少见，只在部分白蚁种类中偶有发现。非繁殖型白蚁指那些没有繁殖能力的白蚁，它们没有翅膀，生殖器官已经发生了退化，包括若蚁[①]、工蚁、兵蚁三大类。一般根据它们所担负的任务是劳动还是作战，将它们分

---

① 幼蚁指卵孵化后白色的1龄或2龄个体，此时尚无明显翅芽。若蚁指从白蚁卵孵出后至3龄分化为工蚁或兵蚁之前的所有幼蚁。

长翅型繁殖蚁
兵蚁
若蚁
工蚁
补充型
繁殖蚁
无翅型
繁殖蚁
幼蚁
蚁王
卵
蚁后

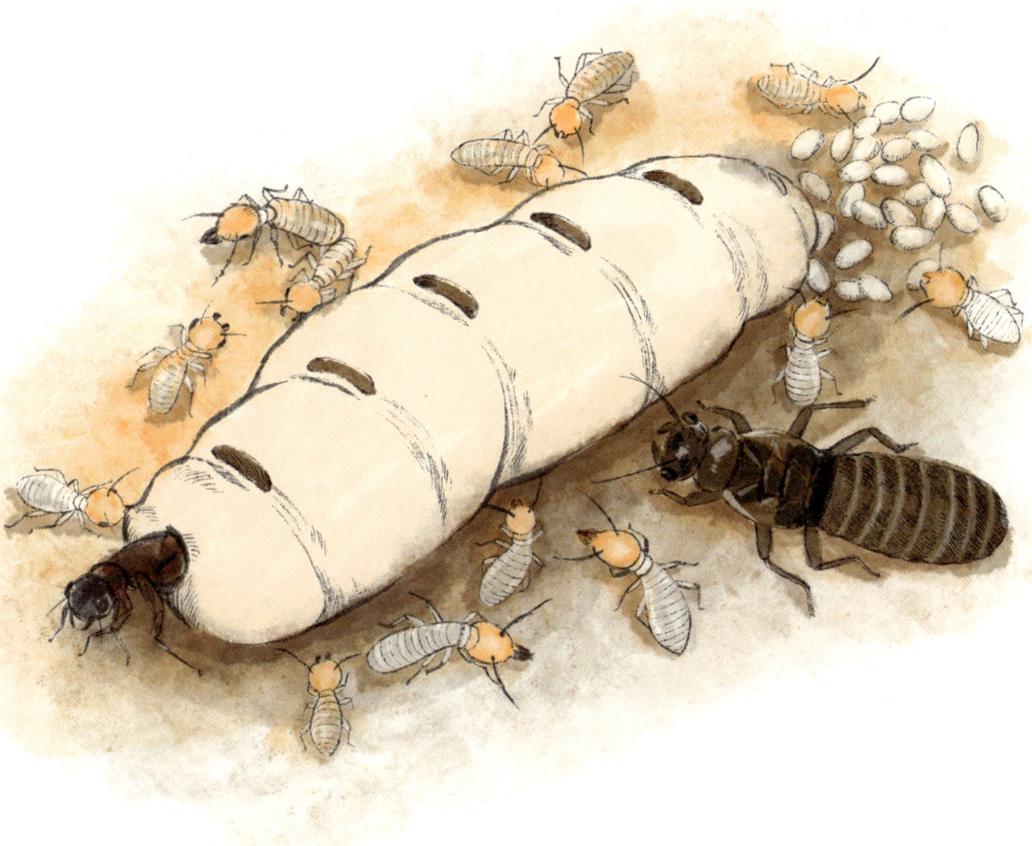

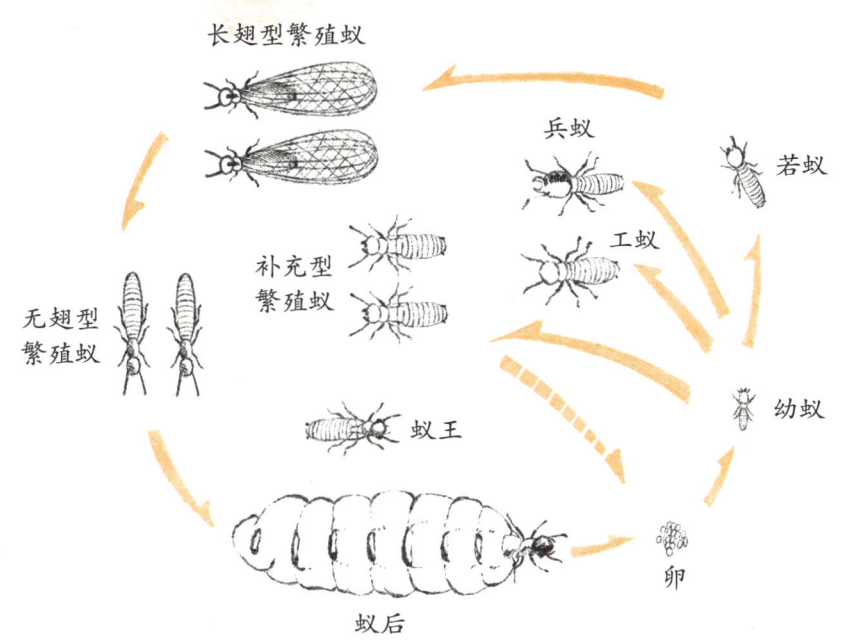

为工蚁和兵蚁。

人们通常容易混淆蚂蚁和白蚁，但实际上，它们在昆虫界的地位和演化历史有很大的差异。在生物分类上，白蚁属于蜚蠊（fěi lián）目，而蚂蚁归属于膜翅目。白蚁的触角为念珠状，身体相对较为饱满，与蚂蚁形态迥异。从生长发育过程来看：白蚁经历不完全变态发育，而蚂蚁则属于完全变态发育的昆虫。此外，白蚁的工蚁由雌性和雄性组成，而蚂蚁的工蚁均为雌性。从本质上来看，白蚁是一类特殊的蜚蠊（蟑螂），蚂蚁则是蜜蜂的近亲，可两者却演化出相似的外形和习性，甚至都演化成社会性昆虫，这也是自然选择的神奇之处。

另外，两者还有一个非常大的区别，就是它们的食物不同。蚂蚁种类繁多，包括植食性、肉食性和杂食性蚂蚁；而大部分白蚁的食物来源相对较单一——它们最喜欢的是朽木或者木材。白蚁能通过各种巧妙的方式，将植物组织分解成白蚁能够消化的养分。在自然界中，白蚁承担着非常重要的分解职责，除了木材，它们还会取食落叶、土壤、动物粪便等。如果没有白蚁，我们的地球可能会被无数的死树覆盖。

30. 谷雨

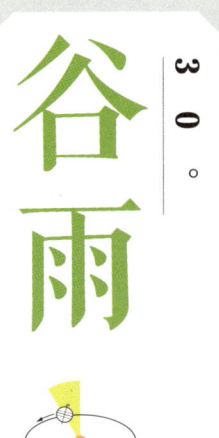

太阳到达黄经30°时为谷雨。春雨绵绵是谷雨最主要的特点，此时田中的秧苗初插、作物新种，最需要雨水的滋润，谷雨便取自"雨生百谷"之意。在湿地的阡陌之间，虎甲开始频繁出没。

六条腿的"猎豹"

虎甲大多栖息在偏僻、潮湿的林下和水边，因为这些地方常常聚集着大量小型昆虫，为虎甲提供了丰富的猎物资源。虎甲是捕食性昆虫，它的成虫和幼虫都具备出色的捕猎技能。

虎甲成虫的必杀技是超快的速度。许多昆虫的足会根据自身习性发生特化，如蜜蜂的后足特化成携粉足，足上长有大量绒毛用于携带花粉；蝼蛄的前足特化成挖掘足，用于在地底挖土；螳螂的前足特化成捕捉足，使其拥有更远的攻击距离。而虎甲一直专注于将自己的步行足优势发挥到极致。虎甲成虫几乎是陆地上奔跑速度最快的生物之一，按照体长比例计算，它们一秒钟可以移动的距离为其体长的171倍。如果将虎甲的体形放大到与人类相当的大小（约放大100倍），其奔跑速度可达1000千米/小时，接近音速，是一级方程式赛车车速的两倍以上，甚至相当于一般民航客机的巡航速度。但虎甲跑得太快也有坏处，在极速奔跑时，由于复眼结构的限制以及大脑处理能力的不足，它们会瞬间失明。因此，在追捕猎物途中，虎甲不得不时常停下来重新定位猎物，再继续追击。

  虎甲的幼虫虽然没有成虫那样强壮的身体和高速奔跑的能力，但它们有独特的狩猎技能。幼虫一般生活在成虫为其挖掘的垂直土穴中，它们会埋伏在洞口，露出两只圆溜溜的小眼睛，默默地等待着猎物到来。当别的昆虫或小动物经过洞口时，虎甲幼虫会突然跳出，利用其强壮且形似镰刀的上颚捉住猎物，然后将其拖往穴底食用。幼虫腹部还有一对"钩形足"[①]，能够让自己紧紧固定在洞壁上以保持稳定，防止因捕获的猎物挣扎而被反拉出洞外。如果猎物过于强悍，幼虫还可以迅速撤回洞内，保证自身安全。

  中华虎甲是湿地里常见的虎甲种类之一，它们体长2厘米左右，全身呈深绿色，在阳光下反射出漂亮的金属光泽；两只复眼大而外突，可以清晰地捕捉四周的画面；鞘翅前半部有两条红色的横宽带，后半部分布着3块黄斑。中华虎甲的成

---

① 第5腹节背面有1个具有双钩的突起。

虫不怕人，它们在阳光下特别活跃，有时停留在路面上，或进行短距离低空飞行，有时甚至会在行人面前飞舞，故得名"拦路虎"。

中华虎甲的成虫和幼虫都占据湿地食物链的中坚位置，各种小幼虫、卵块、蛹，甚至蝗虫、蚂蚱、蝼蛄、蟋蟀、蜘蛛都是它们的"盘中餐"。它们在生态系统中扮演着重要的捕食者角色，对于维持自然平衡和控制其他食叶昆虫种群数量发挥着积极的作用。

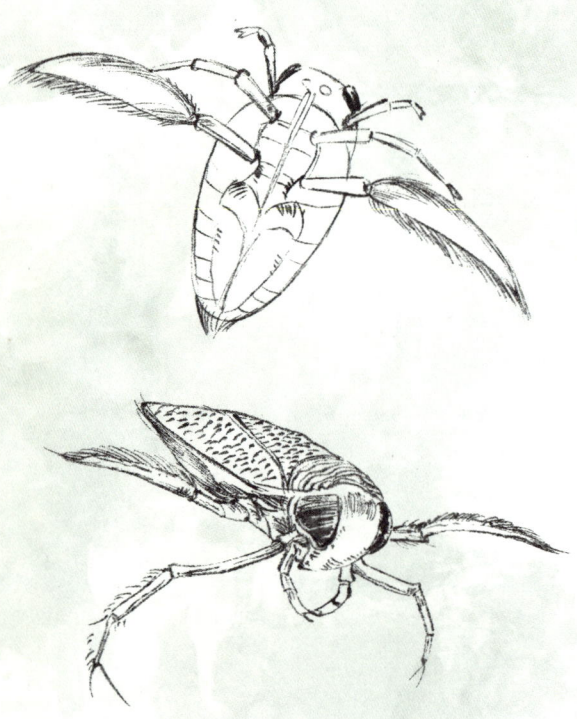

小小泳者

渐渐升高的温度终于从水面传导至水底,藏在水底淤泥中越冬的横纹划蝽成虫渐渐苏醒,它们背朝上游出水面,开始寻找可猎食的对象。横纹划蝽是半翅目划蝽科昆虫中的一种,它的体长只有6毫米左右,头短圆,身体扁平,前胸背板上有5—6条黑色横纹,前翅密布着不规则的黑色刻点和条纹，广泛生活在全国各地的水域中。

划蝽的前足短而粗壮，强劲有力，在狩猎时能牢牢夹住猎物使其不能逃脱；中足细长；后足特化为桨状的游泳足，可以在水中快速穿梭。划蝽喜欢背朝上游泳，这样可以更方便地发现水面上的食物。划蝽若虫和成虫的呼吸系统由许多具有弹性的气管组成，气门开口于身体两侧。当划蝽身体接近水面时，就会用气门收容空气进行呼吸或直接呼吸水面上方的空气。

划蝽和其他半翅目昆虫一样，都具有能分泌挥发性油类物质的臭腺。划蝽的臭腺开口位于后足基节处，除了用来防御、报警，还用来传递交配信息。越冬成虫苏醒后，若水质条件适宜，雄性划蝽们就会立刻展开求偶攻势。但水域对于体长只有几毫米的划蝽来说太过庞大，为了能够快速吸引雌虫，雄虫们常常聚作一堆。它们一边用臭腺分泌性信息素，一边通过摩擦生殖器发出"唧唧吱"的声音向雌虫报告自己的位置。千万不要小看划蝽发出的声音，它的声响可达到99.2分贝（水下近距离测量值），相当于坐在第一排听一个管弦乐队演奏。在声音从水下传播到空气的过程中，即使99％的声音会丢失，在岸边仍然可以听见划蝽的声音。你肯定想不到吧！划蝽是目前世界上相对于体形而言声音最大的动物。

立夏 | 小满 | 芒种 | 夏至 | 小暑 | 大暑

夏

Summer 5.5—8.6

立夏

4月5日。

太阳到达黄经45°时为立夏。立，是建立、开始的意思。夏，在古语里是大的意思。万物至此已长大，故得名立夏。立夏后，日照增加，气温逐渐升高，雷雨增多，万物进入生长旺季。

猎蛙者

大黄缘青步甲被誉为"地球上狩猎技能最强"的昆虫之一，其独特而令人震惊的捕猎方式使其享有盛名。尽管身长仅2厘米，它却能单枪匹马地征服比它体形大数倍的青蛙和蟾蜍，堪称昆虫界的顶级掠食者。

大黄缘青步甲属于鞘翅目步甲科青步甲属。其头部和前胸背板呈墨绿色，闪烁着金属般的独特光泽。最引人注目的是它那围绕鞘翅边缘的一圈黄褐色条带，如同警示标志，向观察者发出明确的信号：小心！这是一位凶猛的捕猎者。

大黄缘青步甲以其迅猛的动作、敏捷的活动能力和强大的

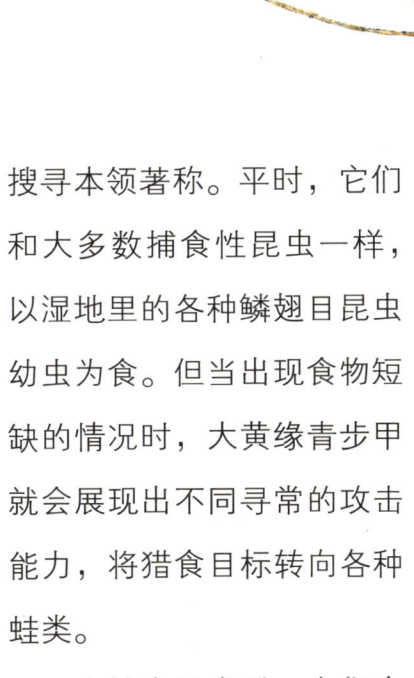

搜寻本领著称。平时，它们和大多数捕食性昆虫一样，以湿地里的各种鳞翅目昆虫幼虫为食。但当出现食物短缺的情况时，大黄缘青步甲就会展现出不同寻常的攻击能力，将猎食目标转向各种蛙类。

在捕食蛙类时，它们会快速贴近猎物，用强壮而尖利的上颚紧紧咬住蛙类的皮肤，熟练地对蛙类身体进行解剖。大黄缘青步甲的食量巨大，大部分时候它们都在

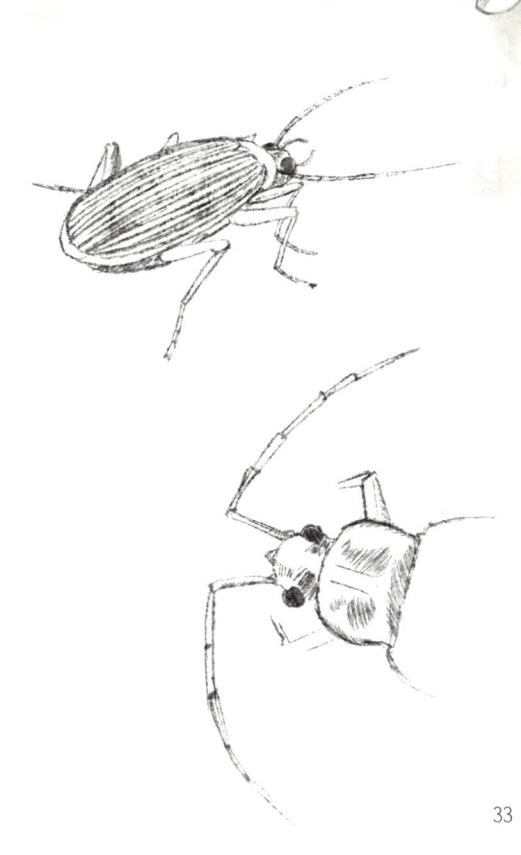

进食，甚至有时一边取食蛙类尸体一边交配。雌虫在交配后的一周内会将卵产在潮湿而疏松的土壤中。

刚出生的大黄缘青步甲幼虫只有5毫米长，长得白白胖胖，眼睛又黑又圆。随着龄期的增长，幼虫上颚的前端逐渐变成黑褐色，额中部会长出一个倒着的"八"字形纹路，身体每节的背部横排有4个黄色斑纹。在老熟幼虫时期，它们中背线的黑色凹纹会连成一条粗黑色的线，身体也会长至2厘米长。

这些小家伙也是技艺高超的捕猎者！它们平时隐藏在浅土层中，待夜幕降临后才开展捕食活动。即便是刚刚孵化的1龄幼虫，通过一段时间的努力，也能成功捕食比它们体积大3—4倍的鳞翅目幼虫！它们用强壮的上颚夹住鳞翅目幼虫，并迅速进食。2龄幼虫就能攻击林蛙，一有机会，它们就会附在蛙类身上，将大颚刺进蛙类的皮肤，攻击其喉部、背部、后腿等部位，蛙类伤口周围的肉很快被幼虫分泌的消化液化为体液，最终被幼虫吸食。

大黄缘青步甲的幼虫非常好斗，当遭遇其他昆虫或林蛙时，它们常常主动出击。即便在吃饱喝足后，它们也会继续叮咬其他的林蛙，杀死的猎物数量远远超过自身的取食需求。

大黄缘青步甲在我国分布广泛，它既是许多食叶性昆虫的天敌，又会对蛙类等小型动物造成危害，还会给人类的农业养殖产业带来挑战。因此，大黄缘青步甲究竟是益虫还是害虫，关键在于它们生存在何处以及对特定环境产生的影响。

池塘里的潜水健将

在这片无数生命为生存而争斗不休的湿地水世界中，龙虱无疑是最危险的存在之一。成年龙虱身体呈长椭圆形，流线型的身材简直就是专门为游泳定制的。龙虱的体表覆盖着一层薄薄的刚毛，这些刚毛间附着的空气会在水下形成气泡，以确保龙虱在潜水时，能够对空气随用随取。龙虱的后足（游泳足），像船桨一样灵活，可以帮助它在水中快速追捕猎物和逃避天敌的攻击。

作为水生昆虫，龙虱没有像鱼鳃这样的器官来过滤水中的氧气，而是和某些昆虫一样，用气门和气管来呼吸。龙虱的腹部长有两排连接气管的气门，气门口有很多刚毛。这些刚毛就像一个"过滤器"，充当鱼鳃的作用，滤除杂质，只让空气通过。空气除了进入气管，还有一部分会被留在鞘翅和腹部之间的空隙中，形成气泡。当龙虱潜到水深

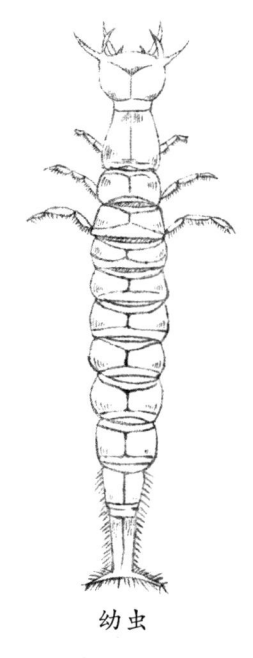

幼虫

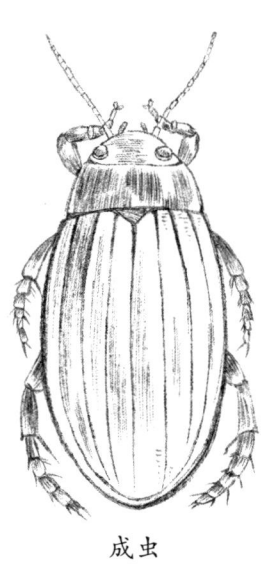

成虫

处时，这个气泡就会成为龙虱的"氧气罐"。水中的溶解氧分子会通过气泡膜扩散进入气泡中，而气泡与气管相连，使龙虱能够持续获取氧气，完成呼吸过程。龙虱还可以通过气门主动释放气泡，从而实现下潜。

龙虱成虫寿命通常为1—3年（野外为5年），它们主要捕食池塘中的鱼苗、蝌蚪，甚至小型两栖动物。每年4月底到5月初是龙虱的繁殖期，每到这时，雄性龙虱会在水中到处追赶雌性龙虱以求一亲芳泽。雄性龙虱的前足跗节基部有膨大的圆形吸盘，可紧紧吸附在雌性龙虱光滑鞘翅的两侧进行交尾，之后雌性龙虱会把卵产在水草上，依靠即将入夏的水温将幼虫孵化。

龙虱从幼虫阶段开始就是水中最凶猛的掠食者之一。龙虱幼虫长得非常像一只凶悍的小蜈蚣，再加上虫体细长，所以又被称作"水蜈蚣"。龙虱刚刚孵化，就可以捕食和自己体形相当的蚊子幼虫——孑孓（jié jué），经过几次蜕皮之后，即使面对体积比自己庞大的小鱼、蝌蚪，甚至小型蛙类，它们也敢主动攻击。

龙虱幼虫如此胆大包天的依仗在于它锋利的口器，它的口器像一把中空的"钳子"，连着口腔和食管，在必要时会分泌毒液和消化酶。当龙虱幼虫捕捉并控制住蝌蚪、小鱼时，"钳子"就会迅速插入猎物体内，注射毒液和消化酶，被偷袭的猎物挣扎几下后就会失去反抗能力。之后不消片刻，猎物的内脏会逐一被"溶解"成暗淡的液体，并被龙虱幼虫喝个一干二净，而猎物干瘪的表皮则被弃于水中。

3龄末期的龙虱幼虫会爬到岸上寻找合适的土壤挖掘蛹室，然后藏身其中化蛹。在这段时间里，蛹的内部发生着巨大的变化，幼虫身体的各种组织结构不停重组、生长，十多天后，它们会顺利羽化。经过五六天的蛰伏期，龙虱会完全硬化定色，然后钻出土壤，开启新一轮的生活。

龙虱会飞，能爬，善游泳，是不折不扣的池塘霸主。但它也有很多天敌：龙虱的幼虫会被水虿（chài）攻击，藏在土壤中的蛹容易被老鼠发现并吃掉，成年龙虱会被乌龟、小龙虾捕食。在广东，龙虱甚至被当作一种美食，经油锅油炸后的龙虱，据说吃起来"嘎嘣脆"。是不是很奇妙？大自然就是这样，万物在相生相克中维持着微妙的平衡。

小满

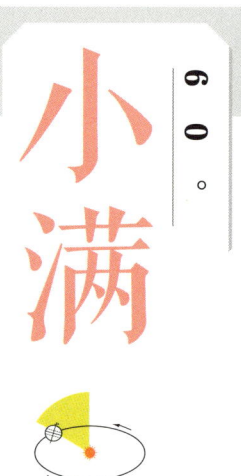

太阳到达黄经60°时为小满。民谚云『小满小满,江河渐满』,小满节气期间南方的暴雨开始增多,降水频繁,『满』指雨水之盈。此时的湿地积蓄的水资源越来越多,植物和动物都进入了成长期。

虫界"蜂鸟"

湿地内此起彼伏盛放的鲜花,吸引来的不仅有常见的蜜蜂和蝴蝶,还有一种神似蜂鸟的昆虫。这种昆虫身体丰满而圆润,触角尖端鼓胀如同球棒。它尖状的头部前端有一根长长的喙管,可以轻而易举地伸入花中吸取花蜜。它的翅膀振动迅猛,可以轻松地悬停在花朵旁,其独特的悬停姿态以及翅膀振动时产生的"嗡嗡"声,常常让人误以为这是南美洲的蜂鸟。

如果仔细观察,你会发现它实际上是一种蛾子。这种蛾子叫长喙天蛾,安静的时候喜欢趴在石头上。它的前翅呈狭长形态,腹部呈暗灰色,全身布满深色鳞毛,深色的外观使其不

那么容易被察觉。大多数蛾类喜欢在夜间活动,而长喙天蛾却更喜欢阳光。在阳光充沛的花丛中,更容易发现长喙天蛾的踪迹。长喙天蛾采花不携粉,采蜜不酿蜜。它们不像蜜蜂或者蝴蝶那样踩在花朵上,而是悬空停在花朵上方,只把超长的口器插入花心,生怕把花粉粘到身上似的。

长喙天蛾独特的口器结构还曾帮助进化论的创始人查尔斯·达尔文证明自然选择学说。达尔文曾研究过一种来自马达加斯加的兰花——大彗星兰。大彗星兰的蜜腺窄而深，从昆虫可以探入的开口处到其基部大约有30厘米。达尔文根据大彗星兰的特点预言马达加斯加岛上一定生活着一种口器（喙）很长的蛾子，长到足以吸取到藏在花距[①]末端的花蜜。

这一猜想虽然受到当时大多数昆虫学家的质疑，但却得到了博物学家华莱士的有力支持。华莱士对达尔文的猜想坚信不疑，还做出了进一步预测，认为这种昆虫应该类似于他在非洲见过的天蛾。他曾测量过一种非洲长喙天蛾的口器，足足有20厘米长。华莱士还颇有激情地鼓励那些到访马达加斯加岛的博物学家，建议他们一起寻找达尔文所预测的长喙天蛾。1903年，终于有人报道了马达加斯加的一种喙长达30厘米的天蛾！这种天蛾与华莱士在非洲所见的天蛾属于相同物种，后来被命名为一个新亚种——"预测天蛾"。

从看到大彗星兰的第一眼起，达尔文便天才般地预测了长喙天蛾的存在。在博物学家不懈的努力下，"达尔文的兰花猜想"被成功验证，并进一步佐证了自然选择学说。达尔文的生物进化论被恩格斯视为19世纪自然科学的三大发现之一（其余两项是细胞学说和能量守恒与转化定律）。

---

① 花距：植物花瓣向后延伸的长状管，花蜜的容器。

远古猎手

时近六月,湿地已渐成蜻蜓的天下。随着一阵"嗡鸣"声,几只红蜻和玉带蜻扇动着宽大的翅膀如飞艇般从芦苇边缘滑过,轻点水面后又再次飞起。和蚜虫、瓢虫这些小型昆虫相比,体长都在4厘米左右的红蜻和玉带蜻已然如庞然大物,它们那四片透明的薄翅展开后可长达七八厘米。不过和远在石炭纪的"老祖宗"巨脉蜻蜓相比,现在最大的蜻蜓也不足它们的1/4。巨脉蜻蜓是目前已知最大的昆虫,它们体形巨大,翼展可达70厘米或更长,是古生代生态系统的顶级捕食者之一。随着环境中氧气含量的减少,蜻蜓的体形逐步缩小,不过它们狩猎的能力却依旧强悍。

蜻蜓的两只圆圆的复眼又大又鼓，几乎占据了整个头部，每只复眼又由非常多的"小眼"组成。蜻蜓是所有昆虫中拥有小眼数量最多的物种，小眼多达2.8万只。这些小眼每只都与感光细胞和神经相连，既能辨别猎物的大小，又能测量猎物的行动速度。当猎物在蜻蜓复眼周围移动时，每只小眼依次跟踪，再通过大脑进行信息整合，便可以精准确定猎物的位置和移动速度。因此，只要是被蜻蜓锁定的猎物，无论它是在空中飞行还是在地面躲藏，都难逃蜻蜓的捕杀。可以说，除了鸟类，蜻蜓在空中几乎没有对手。

没到性成熟期的蜻蜓，一般会优先远离水域。别看蜻蜓可以在空中称霸，一旦落地，螳螂、蜘蛛、青蛙，甚至蚂蚁军团都在暗中潜伏，等待给予蜻蜓致命一击。蜻蜓每天都需要捕食大量的蚊、蝇、蝶、蛾、蜂等昆虫，只有吃饱后需要休息时，才会降落到地面。休息时，大部分蜻蜓的翅膀都是平伸的，只有均翅亚目的豆娘会把翅膀合拢竖立在背上。

随着取食量的不断增加，终于进入性成熟阶段的蜻蜓会陆续飞抵河岸。雄性蜻蜓会提前到达，它们要沿着河岸或水面占据自己的领地，一旦有其他雄性蜻蜓闯入，先来的一方就拼命将其驱逐；如果飞来的是雌性蜻蜓，雄性蜻蜓就立刻展开求偶攻势。在获得雌性蜻蜓同意后，雄性蜻蜓便会用腹部末端的抱握器握住雌性蜻蜓的颈部背面，并通过动作诱引雌性蜻蜓将腹部前倾，以接触到雄性蜻蜓腹部基部的交尾器，随后进行交尾。蜻蜓交配时大多降落在地面，有时也会在空中进行，交配时间在数秒和数小时之间。

交配后，有些雄性蜻蜓并不会离伴侣而去，而是继续在雌性蜻蜓身边飞舞守护，直至雌性蜻蜓不停地点水产卵才结束。如若不这样小心翼翼，其他雄性蜻蜓就会截住雌性蜻蜓再次交配，后来的雄性蜻蜓的精液将优先与卵结合，前一只雄性蜻蜓可能失去成为父亲的资格。所以，为了能让自己的基因代代相传，雄性蜻蜓在谢幕之前（雄虫交配后不久即死亡）还要进行最后一搏。

芒种

75°。

太阳到达黄经75°，时为芒种。芒种时节，气温显著升高、雨量充沛、空气湿度大，适宜种植晚稻等谷类作物。农事耕种以芒种节气为界，过此之后，种植成活率就越来越低。

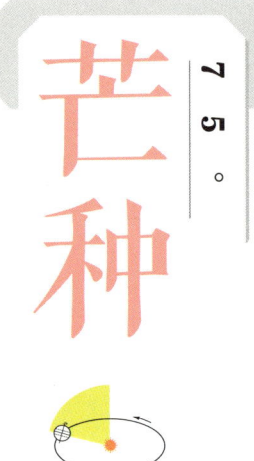

小虫"蝜蝂"（fù bǎn）

唐代文学家柳宗元曾幻想了一种名为蝜蝂的昆虫，传说它一见到物体就喜欢将其负在背上。然而，随着时间的推移，蝜蝂背负的东西越来越多，最终导致自身负重难行。有趣的是，在真实的昆虫世界中，存在一种与之相似的昆虫，即草蛉的幼虫——蚜狮。

狮子乃大型猛兽，能以"狮"字命名的昆虫幼虫定然与众不同。蚜狮呈纺锤状，胸部和腹部布满毛瘤，头部长有一对钳子状的上颚，外观相当丑陋。它们偏好捕食小型昆虫，包括蚜虫、粉虱、蓟马、木虱、叶蝉、叶螨等，甚至鳞翅目幼虫和卵

也在它们的狩猎目标之列。在短暂的幼虫期内（一般为10—14天），它们能够捕食近800只蚜虫。

蚜狮生性活泼、动作敏捷。一旦发现猎物，它巨大的上颚就会迅速夹住猎物，并用上颚上面的细沟将消化液注入猎物体内，以溶解其组织，然后再通过细沟将溶化的体液吸回体内。这样，猎物最终只剩下一个空壳。这些空壳并不会被轻易丢弃，而是会被蚜狮与枯叶、树皮、细沙一起甩在背上。蚜狮通过背负的"垃圾"作掩护，以保护自己免受天敌的侵袭。

与柳宗元描绘的蝂蝂不同，蚜狮最终会羽化成草蛉。它们的蚜狮时期大约只有10天，在这期间蜕皮3次，食量逐渐增加。当蚜狮储备足够的能量后，它们会化成蛹，再经过大约10天的蛹期，最终羽化成美丽的草蛉。草蛉身体碧绿，翅膀透明，飞舞时仪态优美。与蚜狮时期不同，草蛉多数变为植食性，吸食花粉和花蜜，只有少数依旧保持肉食的习性。

由于蚜狮有时会互相残杀，草蛉雌虫在产卵时会分泌一条长长的丝柄，将卵高悬在植物上，防止先孵化的幼虫吃掉其他卵。由于卵粒晶莹如玉，丝柄透明剔透，常被人误认为是"开"在植物表面上的花——优昙婆罗花。

别不把"屁屁"当武器

在湿地水域的外围，一只与瓢虫外观相似、体形略大、具琉璃光泽的甘薯台龟甲正躲在甘薯叶子背面休息。甘薯台龟甲身体呈黄绿色，鞘翅中间有一圈环状黑纹，前胸及鞘翅边缘强烈扩展成透明的边缘，就好像鳖类甲壳外围的裙边。

甘薯台龟甲是龟甲科昆虫的一种，龟甲科昆虫大多拥有各种闪亮的金属颜色，样子十分好看，有的种类鞘翅上具有脊线、瘤和刺。龟甲的小盾片后面，常常隆起形成一个驼顶，头部隐藏在前胸之下，看起来就像一只小乌龟，所以得名龟甲。别看龟甲个头比瓢虫大，胆子却很小，一点点声音就会吓得它们立即从叶子上掉落，躺在地上装死。

龟甲以植物为食，但绝大多数龟甲体内没有可以分解植物的酶，它们依靠体内的一种共生细菌来分解植物的细胞壁。但这种共生菌并不是由母体直接遗传给下一代，而是雌性龟甲在每次产卵时，都会留下一个含有微生物的囊。幼虫孵化后会吃掉囊来继承这些共生细菌，好继承妈妈消化植物的能力。龟甲成虫看似弱不禁风，但雌性龟甲却是不折不扣的好妈妈。在幼虫刚刚孵化的2—3个星期内，雌虫会守护在幼虫身边，以抵挡潜在的攻击者。

龟甲幼虫自身也有一套独特的自我保护机制。不同于凤蝶幼虫的大眼斑、毒蛾幼虫的毒毛以及草蛉幼虫的彪悍，至今人们尚未发现任何一种昆虫幼虫能够像龟甲幼虫一样将屎尿（粪便）变成武器。龟甲幼虫会将粪便和蜕皮残片放置在尾叉上，科学家根据尾叉上的物质把龟甲幼虫分为两类：一类是叉蜕类，另一类是叉粪类。由于尾叉向上或向前翘举，粪便或蜕皮就可以覆盖在幼体背部的上部。那么这一功能是如何实现的呢？龟甲幼虫的肛门是一条长管，非常灵活且具有可操作性，能够将粪便延伸并存放在它们想放的地方，最终形成一种有毒的武器。

龟甲幼虫彼此之间非常团结，它们喜欢聚集在一起生活，将叉起的粪便视为一种盾牌或剑。当受到外敌威胁时，幼虫们会迅速围成一个圆圈，将它们叉起的粪便一致指向外面。此时，即使是再强大的捕食者，在察觉到雨点一般的粪便在视野前方划过一道抛物线，即将从天而降，也可能立马被吓一跳，或者被弥漫的异味熏走……这种恶心却实用的求生技巧在人类看来毫无礼节，却能在电光石火之间，让捕食者迟疑片刻甚至被惊退，为龟甲幼虫赢得在湿地中继续生存的机会。

夏至 06.

太阳到达黄经90°时为夏至。夏至这天，太阳直射地面的位置到达一年的最北端，几乎直射北回归线。此时，北半球各地的白昼时间达到全年最长。夏至气温虽高，但近地表的热量仍在积蓄，未必是一年中最热的一天。

爸爸也可以是带娃能手

在这个世界上，唯有母爱无瑕。然而，负子蝽（chūn）爸爸却是众多昆虫中为数不多的好爸爸。负子蝽俗称田鳖，有人说它是古墓类小说中尸鳖的原型之一。它身体扁宽，呈椭圆形，体色灰暗，小小的头上顶着一对凸出的大眼睛，短小的触角几乎隐藏在头部腹面的凹沟内，针状的刺吸式口器紧贴在胸部下方，形态颇为怪异。

但实际上，负子蝽可不喜欢生活在古墓中，它们是地地道道的水生昆虫，与腐食性的尸鳖毫无关联。负子蝽的前足为捕捉足，用来捕食小型水生动物；中足和后足为游泳足，形状又长又扁,好似划船用的桨,能使它在水中快速划游。

负子蝽的家庭生活别具一格,在非繁殖时期,雄性负子蝽性情异常凶猛,在捕食时,甚至会捕捉鱼苗;相比之下,雌性负子蝽体形较小,不善争斗。平时,雌、雄负子蝽在水中各自生活,但当繁殖季到来时,雄性负子蝽会立刻化身成"好丈夫",接管雌虫的生活。雄性负子蝽会背负着伴侣,悠闲地在水中漂游。捕食的任务也由雄性负子蝽来完成,雌性负子蝽只需趴在"丈夫"背上,享受"饭来张口"的生活。

雌性负子蝽会趴在雄性负子蝽扁平宽阔的背上产卵。与此同时,雌性负子蝽还会分泌大量黏液,将数十枚卵牢牢黏附在雄性负子蝽的背上。雄性负子蝽通过腹部肌肉的收缩调整卵的位置,帮助雌性负子蝽完成整个产卵过程。

完成产卵的雌性负子蝽没有力量协助"丈夫"照顾"儿女",它游荡四方,优哉游哉地过着独居生活,直至生命的尽头(产卵后可存活1—2个月)。而雄性负子蝽则要独自肩负起养育子女的重担,背负着众多未孵化的卵,等待孩子出生。

雄性负子蝽背上的卵需要适宜的温度才能孵化,否则它们将僵化而死。雄性负子蝽会尽量避免进入寒冷的水域,依靠自身产生的热量,保证卵粒在正常温度下逐渐孵化。同时,由于尚未完全发育的卵中"胎儿"缺乏呼吸器官,如果一直浸泡在水中,卵就会因缺氧而死亡。因此,雄性负子蝽必须定期浮出水面,让下一代能够呼吸新鲜空气。在这辛勤的上下浮动过程中,雄性负子蝽既需要防止卵粒脱落,又得时刻提防水中的各类天敌——许多食肉的水生动物都会伺机捕食卵粒。因此,雄性负子蝽必须随时准备与潜在的天敌进行殊死搏斗。

半个多月后,卵终于开始孵化,一只只乳黄色的幼虫诞生了。然而,它们仍然需要在父亲的背上生活一段时间,吸收卵黄残余。之后,幼虫主动脱离父体,雄性负子蝽会翘起那对长长的后足以辅助平衡,使它们能够顺利入水,迈向自己的美好生活。这时,结束重任的雄性负子蝽,其寿命也将宣告终结。

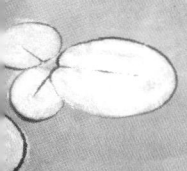

梁山伯与祝英台

"碧草青青花盛开,彩蝶双双久徘徊。千古传颂深深爱,山伯永恋祝英台。同窗共读整三载,促膝并肩两无猜。十八相送情切切,谁知一别在楼台。楼台一别恨如海,泪染双翅身化彩蝶,翩翩花丛来。历尽磨难真情在,天长地久不分开。"

《梁山伯与祝英台》是著名的古典爱情悲剧,与莎士比亚的名作《罗密欧与朱丽叶》齐名。

在中国传统文化中,化蝶象征着灵魂自由。梁祝化蝶反映了古人对生命轮回与爱情理想的浪漫想象,而玉带凤蝶的形态巧合地为其提供了科学注脚。曾有武侠小说家赞美蝴蝶:"蝴蝶的生命是脆弱的,甚至比最鲜艳的花还脆弱。可是它永远只活在春天里。它美丽、它自由、它飞翔。"

蝴蝶是完全变态昆虫,寿命长的有一年,短的只有一个月。幼虫从卵中孵化后,以附近的寄主植物为食;经过几次蜕皮后结茧化蛹,最终羽化为美丽的蝴蝶,四处飞舞,并寻找伴侣,繁衍后代。在江南地区,蝴蝶活动的高峰期是春夏和秋季,而雨过天晴的湿地是它们活动最活跃的地方。

在文学作品和传说故事中,关于梁山伯与祝英台化蝶的描绘存在多种版本。明代彭大翼的《山堂肆考》云:"俗传大蝶必成双,乃梁山伯、祝英台之魂。"这一说法排除了梁祝所化之蝶是粉蝶、灰蝶等小型蝶类的可能性。

清乾隆年间，江苏民间艺人抄本弹词《新编金蝴蝶前传》以及弹词《新编东调大双蝴蝶》等作品中描绘了祝英台婚轿过梁山伯坟的场景。山伯的坟裂开，英台投身其中，最终两人化为蝴蝶，翩翩起舞，比翼双飞。梁山伯化的蝴蝶有黑白花纹，而祝英台化的蝴蝶则是大彩蝶，两者呈现不同的花色。

因此，国内昆虫学家普遍认为，民间传说中梁祝化的蝶可能是以玉带凤蝶为原型。玉带凤蝶是一种盛产于江浙地区、雌雄异型的蝴蝶，雄蝶的前翅呈黑色，后翅中部有一条白斑，呈带状，类似古代为官者的"玉带围腰"；而雌蝶的前翅同样呈黑色，后翅则有大片玫瑰红斑纹。

6月下旬是玉带凤蝶幼虫最多的季节，幼虫共分为5龄：1—3龄幼虫行动缓慢，会拟态出黄褐色鸟粪的图案来保护自己，4—5龄幼虫的身体会逐渐从淡绿色变成深绿色。当玉带凤蝶幼虫受到惊动或干扰时，它们会迅速翻出一对挥发着芸香科植物气味的紫红色臭腺角，吓退敌人，保护自己。玉带凤蝶幼虫喜欢吃柑橘、花椒等芸香科植物的叶子，沿着叶缘啃食叶肉，最终将叶片吃尽，只剩下主脉或叶柄。因此，只要在湿地内的柑橘树下找到只剩下主脉的叶子，就能找到它们的踪迹。

玉带凤蝶成虫的寿命只有1个月左右，所以羽化当天它们就开始寻找伴侣交配，同时还要采集花蜜补充营养。马缨丹、龙船花、茉莉等是玉带凤蝶成虫最喜欢的蜜源植物，阳光普照时，这些花上总有雌、雄成虫们飞舞求偶的景象，非常漂亮。

105. 小暑

太阳到达黄经105°。

时为小暑。暑，是炎热的意思。小暑开始便进入伏天，所谓"热在三伏"，三伏天通常出现在小暑与处暑之间，是一年中气温最高且潮湿、闷热的时段。湿地中，畏惧炎热的大型昆虫纷纷躲入阴凉处越夏休眠。

"颜控"的茄二十八星瓢虫

不同种族的生物长相各不相同，而跨越种族的爱情通常很难被认可，究其原因，从生物学角度来说，是不同物种之间存在着生殖隔离。在昆虫界，很多看似相近的物种也存在生殖隔离。这是因为昆虫的体形实在太小了，一个种群在一次地震、一场狂风或泛滥的洪水后可能被迫分居两地，随着时间的推移，地理隔离慢慢演化成生殖隔离，同一物种逐渐变成两个物种。

不过总有一些昆虫特立独行，不局限于同类，同属之间也会看对眼。马铃薯瓢虫是一类主食为马铃薯和茄子的昆虫。这

个属的大多数瓢虫奉行"混交模式",即雌性或者雄性个体可与亲缘关系相近或者较远的异性进行多次交配。但异类中还有异类,茄二十八星瓢虫仅仅因为对配偶的极度挑剔,就造成了种群内部的生殖隔离。

茄二十八星瓢虫和马铃薯瓢虫是两个相近种,因为瓢虫大都是不同种类混群生活,这两类瓢虫也常生活在一起。马铃薯瓢虫的雌虫对两种瓢虫的雄虫没有任何偏好；但茄二十八星瓢虫的雌虫在交配时对雄虫极度挑剔，只和自己喜欢的"型男"交配；而茄二十八星瓢虫的雄虫则只愿意与自己同类的雌虫交配。这就导致在这两类混合生活在一起的瓢虫中出现了一部分被挑剩下的"剩虫"。这些"剩虫"雌、雄个体因为被其他同族嫌弃，会表现出更强烈的交配愿望。不过这种挑剔也带来了好处，可以有效提高雌、雄个体的交配频率并提升交配模式多样性，避免近亲交配，从而获取多次交配的基因利益。

肉食性瓢虫和植食性瓢虫之间也不会通婚。肉食性瓢虫的鞘翅光滑，它们占据瓢虫类群中的八成。七星瓢虫、异色瓢虫等肉食性瓢虫的成虫和幼虫以捕食蚜虫、介壳虫、粉虱、螨类等害虫为生。而植食性瓢虫背部常长有绒毛，如茄十一星瓢虫、茄二十八星瓢虫等。它们的成虫和幼虫取食寄主作物的叶片、果实和嫩茎，被害叶片仅留存叶脉及上表皮，形成许多不规则的透明凹纹，后变为褐色斑痕。斑痕过多会导致叶片枯萎，造成瓜、果减产；瓜、果被啃食的部分会变硬，并带有苦味，从而失去商品价值。因此，植食性瓢虫属于农业害虫。

这两大瓢虫阵营之间界限分明，互不干扰，互不通婚，各自保持着传统习惯，因而不论传下多少代，都不会产生"混血儿"，既不会产生可育杂交后代，也不会改变各自的传统习性。

林间泡沫秘事

在湿地深处的草丛里，我们常常会看见许多白色的泡沫挂在叶子上。小时候，大人会告诉我们，这是蛇吐出的唾沫，并催促我们快点儿离开。但那真的是蛇的唾沫吗？14世纪的欧洲人认为这些唾沫是布谷鸟衔草时不小心掉在树枝上的；16世纪时，一位植物学家认为这些唾沫是由植物分泌的，甚至列出了一大串可能分泌唾沫的植物名录；直到19世纪前期，美国南部地区的黑人仍然坚信，这些唾沫是叮咬牲畜的马蝇产生的。

实际上，只要你拨开这些唾沫仔细观察，就会发现里面藏着一只小小的虫子——沫蝉，而这些唾沫正是这只沫蝉的杰作。沫蝉是半翅目沫蝉科昆虫的统称，它们体形差异较大，体长最小的不到5毫米，最大的接近1.5厘米。它们生活在植物叶片上，以吸食植物汁液为生。沫蝉的肛门分泌物与腹部腺体分泌物形成混合液体，再由腹部特殊的瓣引入气泡而形成泡沫状。这种泡沫能够保护沫蝉幼虫免受干燥气候的影响和天敌的侵害，因此它们也被称为"吹泡虫"。

这些泡沫的主要成分为水、黏蛋白及无机盐类。不同种类沫蝉分泌的泡沫略有差异，但其保护效果都非常出色。雌性沫蝉产下长1毫米左右的卵后，卵大概在7—10天后孵化。初孵幼虫通常体长只有1—1.5毫米，它们会分泌泡沫，然后待在

由泡沫形成的天然保护罩内，躲避天敌并保持体表的湿润。此后，幼虫以植物的汁液为食，在经过几次蜕皮后开始羽化。沫蝉的幼虫在羽化前也会用自己的小爪子牢牢地抓住植物，身体与地面保持垂直，然后从头部开始，慢慢地蜕出蛹壳，羽化为成虫，此时泡沫就基本消失了。

  沫蝉身体短粗，前翅质地坚韧，呈革质，可以保护后翅。沫蝉不擅长飞行，但有一对充满肌肉的后足。面对天敌时，它们可以像青蛙那样一跃而起，迅速逃之夭夭。因此，在英文中，沫蝉的俗名是"蛙蝉"。研究显示，身长仅6毫米的沫蝉，最高跳跃高度可达70厘米，相当于标准身高的男性运动员跳过210米高的摩天大楼。这种跳跃能力远远超过人类以前认定的自然界跳高冠军——跳蚤。

  沫蝉的栖息地非常广泛，其踪迹遍布全球各地。它们体形微小，导致之前一直未被大范围发现。因此，想要揭开自然的奥秘，我们需要拥有一双善于发现的眼睛。

大暑 120°

太阳到达黄经120°时为大暑。大暑，指炎热至极，是一年中阳光最猛烈、天气最炎热的节气，"湿热交蒸"在此时到达顶点。大暑对动物来说不免有湿热难熬之苦，却特别有利于植物成长。

会特技的微型"战斗机"

夏夜，微风拂过，伴随着阵阵嗡嗡声，淡色库蚊如同一架架微型战斗机从湿地的水边飞出，开始在湿地内寻找可以吸血的对象。蚊子身形微小纤细，翅膀细薄如纱却质地坚韧，仿佛是一件由大自然打磨的精致艺术品。不是所有的蚊子都喜欢吸食新鲜的血液，只有库蚊属、伊蚊属和按蚊属的雌蚊以吸血为生，而这些属的雄蚊及其他蚊类，如常

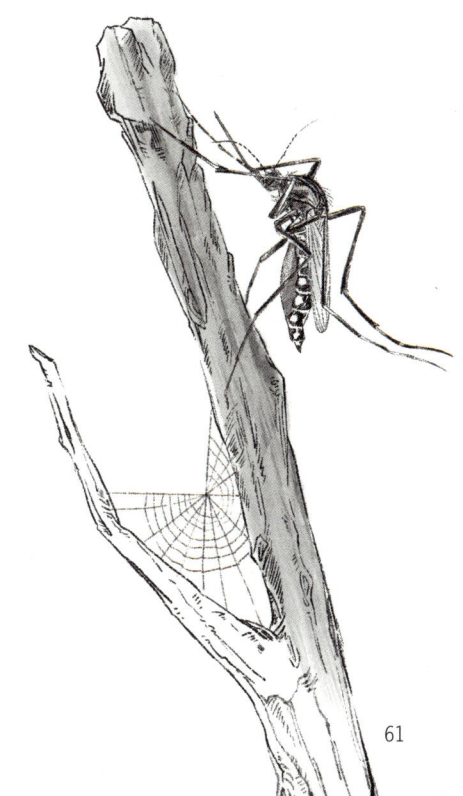

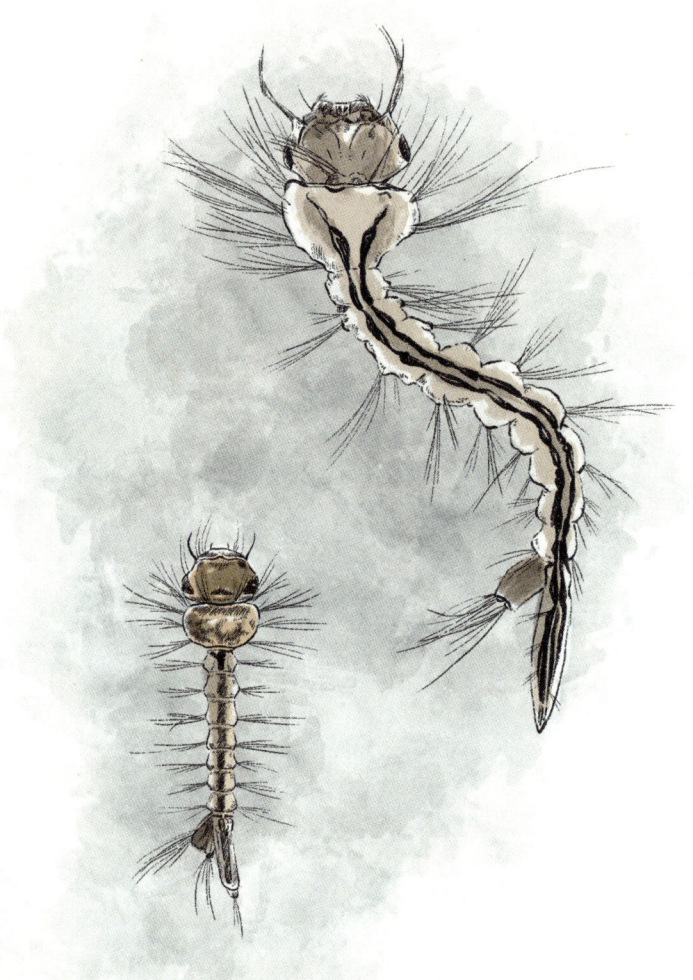

见的摇蚊和大蚊等都更爱吸食花草汁液及花蜜露水。

雌蚊吸血是因为其卵巢发育需要蛋白质，而动物血液中的血红蛋白可以促进雌蚊的卵巢发育、卵子成熟，并增加雌蚊的产卵量。吸血后的雌蚊会在水域附近寻找一个相对安全的场所产卵，它们会轻轻地将卵放置在水中。这些微小如芝麻粒的卵，宛如生命的种子，在水中随处漂浮，两三天后即可孵化。

蚊子幼虫会在水下倒立，形成一个个小型的"回旋镖"，这个阶段的蚊子被形象地称为"孑孓"。孑孓对水质要求极低，主要以水中的腐烂物质为食。蚊子的童年充满危机，蜻蜓的幼虫、蛙类的蝌蚪以及其他杂食性鱼类，都是孑孓的天敌。这是一场微观世界中的生存之战，但得益于孑孓数量庞大和极短的发育时间（7—10天），它们很快羽化为擅长飞行的成虫，因此蚊子一直是水域内的优势物种之一。

吸血的蚊子被认为是一些疾病的传播媒介。不同种类的蚊子通过各自携带的病原体传播不同的疾病，如按蚊传播疟疾、库蚊传播乙型脑炎、伊蚊传播登革热。蚊子在吸血的同时，会通过唾液输送一种含有抗凝血酶的物质，防止人体伤口凝结愈合。蚊子的唾液中还可能携带其他病原体，从而加速疾病的传播。

蚊子的飞行速度并不快，一般为0.24—1.56米/秒，不过相对于其不到1厘米的体长而言，它们可谓高效的飞行机器。蚊子的振翅频率极高，可达每秒600次左右，还可以轻松实现悬停、急速改变方向或倒退等各种复杂的动作。蚊子的后翅经过漫长的自然选择，已经变成了细而短小的平衡棒，可以更好地辅助飞行。由于它们身形微小，我们的眼睛很难跟踪它们的飞行轨迹，只能"望蚊兴叹"。

不过对抗蚊子的方法还是有很多的，比如，使用含有菊酯类化学制剂的蚊香可以有效地杀灭蚊子。此外，保持身体清洁，减少皮肤的体味，或者使用花露水来混淆蚊子的嗅觉，都是有效的防蚊手段。如果感觉房间中有蚊子，可以尝试以静制动，当蚊子进入一定范围时，利用听声辨位的技巧，或许能够打败这些"微型战斗机"。

捕蚊能手

在孑孓的众多天敌中，水虿当坐头把交椅。人们通过观测发现，一只水虿一生可捕食3000多只孑孓，堪称"高效捕蚊器"。蜻蜓属于半变态昆虫，成虫阶段身体细长，有两对翅膀；而处于幼虫阶段的水虿体形短粗，没有翅膀，腹部扁阔。水虿的头部较大，有着极为发达的"脸盖"。作为天生猎手——蜻蜓的幼虫，水虿刚刚孵化即可捕食水中的线虫、轮虫及孑孓等小型昆虫。当水虿潜伏在水中时，它通过触角和腿感知水压变化，预测到猎物位置后，其"脸盖"会从头部下方猛然弹出夹住猎物，然后迅速收回送入口器中进食。整个过程只需要1/300秒即可完成，凭人类肉眼根本无法察觉。

水虿需要在水中待满一年，甚至2—3年后才能羽化，这期间它们需要经历十几次蜕皮。每次蜕皮到下一龄，都是水虿变得更加强大的开始，它们可以猎食体积更大的猎物，末龄期水虿甚至能捕食小鱼。不过，在初龄期它们还是要应对许多天敌，最主要的天敌有龙虱、大田鳖、水螳螂和比自己体形大的鱼类。为了有效地躲避天敌的伤害，经过数亿年的进化，水虿成功地将自己的身体模拟成水底泥的颜色。当遇到危险时，它们会躲进淤泥里一动不动，天敌就很难发现它们的踪迹。凭借这项本领，水虿才能一直保持种族数量的稳定。

水虿的腹部有一个名为"气管鳃"的呼吸器官，因其位于消化道后端的直肠内,所以又叫直肠鳃。水虿通过尾端缓慢吸水、排水,直肠鳃则从进入直肠的水中获取溶解氧。这种身体构造不仅可以用于呼吸,还有利于躲避敌人和捕食猎物。当情况紧急时,水虿首先关闭尾部的出水口,然后猛烈收缩腹部,在体内形成瞬间高压,最后打开出水口将腹部所吸的水向后喷出,高压产生的动力就会带动它们向前快速移动。

然而,由于人类的过度开发,水系遭到污染,水质被严重破坏,目前人类生活区域中的水虿已经越来越少了。

立秋 | 处暑 | 白露 | 秋分 | 寒露 | 霜降

Autumn 8.7—11.6

立秋

135°

太阳到达黄经135°。时为立秋。立,是开始之意。秋,意为禾谷成熟。立秋是秋季的起始,之后阳气渐收、阴气渐长,自然界中的万物开始从繁茂成长趋向成熟。温度终于开始下降,但蝉鸣声仍旧此起彼伏。

图腾上的古老家族

蝉被古人赋予了丰富的内涵和象征意义,既象征着复活和永生,又被文人墨客视为高洁和通灵的标志,而这些象征意义都来源于蝉神秘的生命周期。交配后的雌蝉将针管状的产卵器插进厚实的树皮中产卵,不久后,这些卵就会孵化。刚孵化的幼虫会钻入土壤中,依靠吸食树根中的液体生存,这个过程常常需要2—3年甚至更长,如北美洲的十七年蝉要在地下蛰伏达17年之久。调查蝉类幼虫在地下的生活时间是一件很困难的事,目前,全球范围内已调查清楚的蝉的种类还相当有限。

贯穿整个夏天的蝉鸣实际上是一场"内卷"陷阱。无数雄蝉投入全部精力，尽力鸣叫，仿佛是与太阳比拼热情。这是一场雄蝉之间的生死竞赛，鸣叫声的大小决定着谁能优先得到雌性的青睐。一旦有蝉开始鸣叫，周围的蝉也必须跟上，否则它们将失去参赛资格。这场竞赛迅速扩大范围，每只蝉都努力鸣叫，直至有些蝉因疲惫不堪而"闭嘴"，其他蝉也随之停止。这场比赛同时也是一场命运的豪赌——蝉的颜色通常与树干相近，它们停在树上本不易被天敌发现，可鸣叫一旦开始，就等于暴露了自己的位置，极易成为捕食者的目标。

　　自然界中的雄性动物有各式各样的"特技"，有的是鲜艳的色彩，有的是特殊的身体结构，这些特征可能对生存不利，却是一种实力的展示。相比之下，雌性可能没有那么引人注目，但拥有最强大却又最消耗自身的技能——繁衍。雌虫产下每一颗卵都会耗费它们大量的能量。

　　卵孵化之后，蝉的幼虫经过几次蜕皮，会在某一天夜晚"破土而出"，沿着树干向上爬至合适的位置蜕皮。"蝉蜕于浊秽，以浮游尘埃之外"，这些浑身淤泥的赭色"丑八怪"，经过最后一次蜕皮长出翅膀，并用数小时晾干还未完全充血的膜翅，随后在林间飞翔。蝉蜕皮的整个过程被称作"金蝉脱壳"，也被古人视为一种象征着重生、转变和再生的经历。

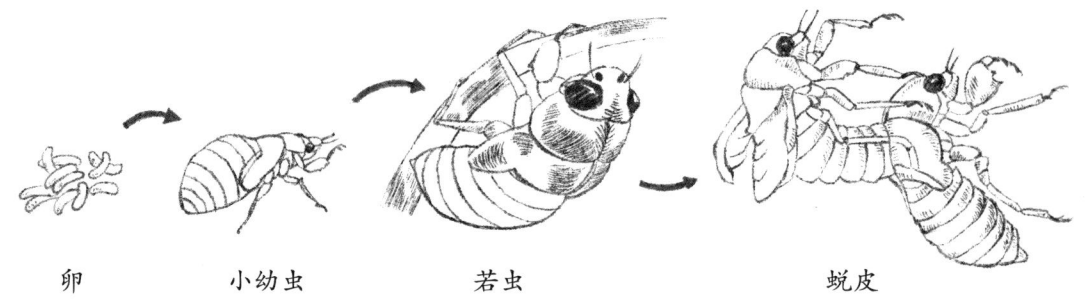

卵　　　　小幼虫　　　　若虫　　　　　　蜕皮

　　古代纹饰画像中的蝉纹或是雄浑博大，或是繁杂精巧；在浩如烟海的诗书中，蝉或是蕴含深厚的文化内涵，或是象征古老的图腾崇拜，或是抒发朴素的升仙思想，或是表达清虚高洁的情怀……我们能从中发现，这一切都与蝉特有的生命周期与形态特征有关。

　　古人在早期探索大自然时，秉持着谦卑的态度，因为他们感受到大自然的魅力和威力，且不得不适应季节的变迁及生老病死等自然规律。在这种背景下，他们对自然界中的生物产生的奇观常常充满敬畏。蝉作为一个特点突出的生物物种，以其独特的生命周期和蜕变过程，激发了先民的好奇心和想象力。就连蝉在炎热夏季中那引人注目的鸣叫声，也会让人们感到神秘和不可思议。于是，蝉在古代文化中被赋予了各种象征意义，成了文学、艺术和哲学的一大灵感源泉。

昆虫界的"移民大亨"

湿地里的臭椿树干上有一群身着波点外套、搭配红蓝内衬的时尚昆虫正在结集，这表示斑衣蜡蝉繁殖的季节到了。斑衣蜡蝉是一种有趣的昆虫，它们喜欢群居生活。可每当遇到危险时，它们就会瞬间灵活地跳跃飞离，好像一道红光闪过，给人们留下极为妖艳的印象。它常被人们亲切地称呼为"花蹦蹦""花姑娘"，因此，它的学名并不广为人知。斑衣蜡蝉虽然被冠以"蝉"的名号，但它们不会鸣叫；它们鲜艳的颜色看上去更像蛾子，却不具备蛾类体表闪烁的鳞粉。

斑衣蜡蝉喜食植物汁液，它们的"菜单"涵盖了大约70种植物。雌虫喜欢在干燥的树杈或建筑物上产卵。幼虫则爱聚集在叶片的背部或者嫩茎上，将针一样的口器直接刺进植物表皮，贪婪地吸取汁液。待到成虫期，它们的"德行"依旧没变，而且随着身体长大，口器变得更长，胃口也变得更大。被斑衣蜡蝉取食的植物会先从树枝顶端枯萎，最终全株死亡。斑衣蜡蝉成虫还会将体内多余的糖分从尾部排出，粘在植物表面，助长霉菌滋生。

斑衣蜡蝉起源于云南高原，广泛分布于中国北方。随着国际旅游和贸易的日益频繁，斑衣蜡蝉还悄悄干起了"移民勾当"，偷渡到别的国家。它们先是去往韩国，紧接着去了日本，直至2014年更是远渡到大洋彼岸的美国宾夕法尼亚州。

由于缺少天敌且寄主范围广泛,斑衣蜡蝉在入侵美国后迅速扩散。尽管政府采取了严格的检验检疫和防控措施,斑衣蜡蝉仍顽强地扩散至美国其他地方。它们给当地的葡萄、苹果等果树和苗圃产业及生态环境造成了数百亿美元的损失。欧洲作为世界葡萄的主要种植区,也开始高度重视并监控斑衣蜡蝉的"移民路线"。

经常移民的物种一般体形较小、寿命较短,但它们拥有超强的繁殖能力,并善于利用身边的生存资源,斑衣蜡蝉也是如此。在未来,斑衣蜡蝉作为喜欢在明媚的阳光下炫耀自己如红旗一般翅膀的"移民大亨",很有可能会被带到更多地方。

处暑 150°

太阳到达黄经150°时为处暑。「处」按《说文解字》是「止」的意思。酷热难熬的天气终于接近尾声。太阳直射点继续南移，太阳辐射减弱，暑意渐消。湿地静悄悄的夜晚里，一群群萤火虫在草间飞舞，如同流星。

夜空中的微光舞者

"银烛秋光冷画屏，轻罗小扇扑流萤。"这唯美诗句中的流萤就是大名鼎鼎的萤火虫。萤火虫是一种非常神奇的昆虫，它们会在暗夜中发出淡绿色的微光。成群的萤火虫在林间飞舞，仿若拂树生花、绚若烛火，因此古人为萤火虫起了很多好听的名字，如夜光、景天、熠耀、夜照、流萤、宵烛、耀夜等，为这一奇妙的小生物赋予了更加富有诗意的想象。

对于城市中的人来说，遇见萤火虫似乎是一场可遇不可求的浪漫邂逅。这是因为萤火虫无法在城市的钢筋水泥中生活。古人认为，萤火虫是从腐草中生长出来的，甚至有人将萤火虫

奇异的光芒称为"鬼火"。其实,萤火虫发出的光是生物光。

萤火虫发光机制的关键在于一种被称为"荧光素"的生物发光色素。在萤火虫腹部特有的光器官中,荧光素与其他酶相互作用,引发氧化反应,释放光子。萤火虫通过调节荧光素的数量和光器官的活性来控制光的亮度与频率，这种精密而高效的发光机制在自然界中极为少见。

这些华美的光点在夜间飘动，被认为是自然界中的一种神秘艺术，引发了人们无限的遐想。尽管科学揭示了这些光芒产生的原因，但萤火虫的美妙光景仍然让人陶醉。它们的飞舞如同一场夜间的舞蹈，让人沉浸在大自然的魅力之中。夜晚，坐在草地上欣赏萤火虫的璀璨之光，成为人们夏夜美好记忆的一部分。

萤火虫的发光机制还向人们展示了一种生物间的独特沟通方式。每种萤火虫都有自己的光闪烁节律，这是独属于种群内部交流的语言。雄虫和雌虫通过发出黄绿光进行联系，这种独特的发光密码被称为"灯语"。雌性萤火虫以极为精准的时间间隔向雄虫发出"亮—灭—亮—灭"的信号，雄虫在接收雌虫的信号后会立即做出回应。通过这种特定的光信号交流，雌、雄虫可以在黑夜里精准地找到对方，形成配偶关系。

有趣的是，萤火虫的发光持续稳定且耗能很少。它们通过尾部的化学反应几乎将所有能量以光的形式释放出来，只有很小一部分以热的形式释放，反应效率超过95％。目前人类仍无法制造出如此高效的光源。

萤火虫幼虫以肉食为主，经常捕捉蜗牛、蛞蝓（kuò yú）和蚯蚓等猎物。它们的爬行速度很快，捕获猎物后会迅速通过上颚将消化液注入猎物体内，使其麻痹、溶解，然后吸食被液化的蛋白质。萤火虫对生活环境要求较高，喜欢栖息在潮湿温暖、草木繁盛的地方。然而，随着农业生产中化肥、农药和杀虫剂的大量使用，它们的栖息地逐渐减少，导致我们越来越难以在田野中看到萤火虫飞舞的壮观场景。这也提醒我们要更加关注环境保护，维护自然生态的平衡。

与尸为伍

　　湿地的角落总存在一类因其饮食习惯而令人不适的昆虫——嗜尸性昆虫。在电影及现实生活中，一旦警方发现受害者的遗体，常常会派遣法医前来调查。法医的使命是寻找受害者非正常死亡的原因，其中首要任务就是确定死亡时间。为了将死亡时间的推测误差降至最低，法医会搜集案发地点的腐生蝇，并根据腐生蝇卵及其孵化幼虫在遗体上的动态推断死亡时间。

　　自然界中其他动物的遗体也会吸引这种嗜尸性昆虫。动物死亡后，其尸体组织的蛋白质在体内外细菌的共同作用下分解，同时释放出腐败气体。这些气体会吸引一些食腐昆虫来此定居产卵。某些敏感的蝇类甚至在动物死亡后几分钟内就可赶至"现场"。由于蝇类在动物死亡后不久就在尸体上产卵，幼虫孵出后直接摄食尸体组织，并在动物尸体上或尸体周围完成胚后发育直至羽化为成虫，故蝇类幼虫的生长发育时间与动物的实际死亡时间具有一定的平行关系。

比如，一只水鸟不幸死亡后，仅一个小时内，就会成为众多昆虫的目标。首先找上门来的是丝光绿蝇（见下图）和反吐丽蝇，它们嗅觉发达，可以闻到方圆10千米以内遗体的味道。可不要把它

们和家中的黑苍蝇弄混,这种泛着蓝绿色金属光泽的苍蝇比黑苍蝇更加壮实。它们会趴在遗体的嘴、伤口等孔洞周边产卵,只需要一两天,这些像细碎干酪一样的卵就会孵化变为幼虫。幼虫继续以死尸甚至腐肉为食,它们大概就是俗语"腐肉生蛆"中的蝇蛆。常温条件下,大约经过半个月的发育,这些蛆虫就能变成苍蝇。无论是在自然界还是人类世界中,凡是生物遗体腐烂的地方,几乎都会出现这种蛆虫。

丝光绿蝇和反吐丽蝇离开尸体后,埋葬甲和一些艳细蝇科的苍蝇还会继续消化现场残留的尸体碎片。数月以后,当遗体只剩下皮毛和骨头的时候,一种叫作皮蠹的昆虫会进行最后的收尾工作,它们的幼虫主要以皮肤、兽毛或者羽毛的残留物为食。

这场虫子的盛宴将持续至遗体只剩下骨架。但这些酒足饭饱的虫子离席之后,仍会有鼠妇、蛞蝓,甚至数以万计的微生物前来将骨骸最终化作泥土。在自然界中,动植物的死亡总是无意间滋养着许多微小的生物群落。毕竟,"一鲸落而万物生"。

白露

165°。

太阳到达黄经165°。时为白露。古人以四时配五行,「秋属金,金色白」,以白形容秋露,故名「白露」。冷空气转守为攻,夏天的闷热基本散去,天气渐渐转凉。昆虫又活跃起来,抓紧时间再完成一轮生命周期。

水上的舞者

无论何时,只要站在水边静静等待,水黾(mǐn)准会如约而至。它们既不像蜉蝣那样从水面飞行而来,也不像龙虱、子孓那样在水中游泳,而是用身体紧贴水面快速滑行。当它们的6个足与水面接触时,一层层圆形漩涡不停荡漾而出,如同在水上翩然起舞。

水黾是南方湿地中常年可见的昆虫,它们生活在湖泊、池塘、溪流边上,以落在水上的昆虫或其他动物的碎片为食。它们躯干纤瘦,中足、后足细长,常被人误认成蜘蛛。水黾在水面上运动时,较短的前足负责捕食,中足提供驱动力,后足维持身体平衡及辅助掌控方向。水黾的足会以椭圆形的轨迹划动，借助半球状漩涡的推动力实现移动。这也是我们看到水黾时，总会发现它们的足与水面接触部分不停地产生漩涡，而漩涡越大，水黾的移动速度就越快。

水黾的足部拥有数千根按同一方向排列的多层针状刚毛。这些刚毛的直径范围和长度均为微米级别，并与足表面成一定倾角。在刚毛的表面生有螺旋状纳米沟槽，这些沟槽的空隙可以储存空气，使水黾具有超疏水性。另外，水黾的足表面还会分泌出一层蜡状物质，这层蜡状物质使得足与水面之间的张力变大。依靠足的超疏水特性和水表面张力，水黾能够有效减小运动时迎面而来的波浪或水流阻力、横向的推力以及在滑行中产生的摩擦力，实现在水面快速地滑行、移动和跳跃。

雌性水黾只愿意和自己喜欢的雄性交配，为此它们在进化过程中形成了一种被称为"生殖盾"的结构。"生殖盾"是一种可以控制开合的护瓣，只有在雌性愿意打开护瓣的情况下，雄性才能完成交配。这就意味着交配只能在雌性允许的情况下进行，雌性掌握着生殖过程的主动权，能够自主选择自己的交配对象。这种结构被视为一种性选择的进化策略，在动物界中并不罕见，它反映了性别间的博弈和进化的深层次机制，为我们了解动物行为和繁殖策略提供了重要线索。

然而，即便雌性水黾设下了一定的门槛，雄性水黾却不愿花费过多心力去配合雌性的偏好。它们选择了一种相对直接甚

至暴力的方式,即在交配前,灵巧地用脚在水面轻轻敲击,制造微小的波纹。这种波纹凭借人类的肉眼难以察觉,对水黾来说却是致命的,因为可能会引来掠食性的鱼类。求偶者会不停地重复这种敲击行为,而雌性为了降低被捕食的风险,只能被迫就范。雄性则立刻不顾风险地爬到雌性身上进行交配。

水黾这种行为增加了在水面上成为捕食目标的风险,有时甚至会付出生命的代价,但即便在面临严重生存威胁的情况下,雄性水黾仍然靠这种胁迫的方式进行交配繁殖。这意味着对于雄性水黾而言,拥有自己的后代是比个体生存更为重要的事情。

生命的启蒙者

千百年来，有一种昆虫在中国文化中承载着非常丰富的象征意义。这种昆虫就是蜉蝣，一种生命极其短暂，甚至被形容为"朝生暮死"的生物。

《淮南子》中记载："蜉蝣朝生而暮死，尽其乐。"在西方，蜉蝣的学名Ephemeroptera在拉丁文里意为"只持续一天"。这是因为古人看到一些种类的蜉蝣成虫寿命很短，短则几小时，长则两三天。然而，这些对蜉蝣短暂生命的感叹和伤怀与实际并不相符，这个可追溯至石炭纪的原始有翅昆虫类群，它们并没有人们所看到的那样脆弱。

蜉蝣的一生要经历卵、幼虫、亚成虫和成虫4个阶段。蜉蝣交配后，将卵产在水中，一段时间后孵化成稚虫。蜉蝣的稚虫期时间较长，可达数月或1年以上，最长可蛰伏3年。在这个时期，蜉蝣需要经历20多次蜕皮，才能慢慢长大。当蜉蝣的幼

虫生长到半成熟期时，胸部背面会长出发达的翅芽，但此时，它们的足、尾须等还没有完全发育成熟，因此被称为"亚成虫"。亚成虫出水后停留在水域附近的植物或石块上，一般在几个小时到两天的时间内再次蜕皮，羽化成蜉蝣成虫。

蜉蝣长出了可以飞翔的翅膀，但口器近乎完全退化；与此同时，它们腹部的大部分内脏被排出，取而代之的是轻盈的空气；它们不再进食，而是时刻准备随风飞行。它们一边成群结队地在水面上舞蹈，一边寻找安全的地方进行整个生命周期中最后一次蜕变。而这次蜕变意味着蜉蝣从一只暗灰色的丑小鸭，真正变成一只发育完全、"仙气飘飘"的成虫。接下来，它们要消耗有限的精力去交配并繁衍后代。蜉蝣的"婚飞"通常由雌虫独自飞入数以百万计的蜉蝣成虫群中，寻找它认为最优秀的雄虫。交配后，雌虫就会寻找洁净的水源产卵。

一直以来，古人只观察到蜉蝣的亚成虫和成虫阶段的行为，经常看到蜉蝣短暂交配后耗尽体力而亡的悲壮场面，从而发出了"朝生暮死"的嗟叹。北宋文学家苏轼在《前赤壁赋》中感慨："寄蜉蝣于天地，渺沧海之一粟。哀吾生之须臾，羡长江之无穷。"将渺小的蜉蝣与天地进行对比观照，极大地延展了人们对蜉蝣的哲学想象空间。后人只要想到蜉蝣，便会联想到它们那美丽动人的翅膀、轻舞飞扬的生命以及不惧困境、无畏死亡的执着，从而获得生命的启迪。

秋分 180°

太阳到达黄经180°。时为秋分。「分」为「平分」，除了指昼夜平分，还有一层意思是平分了秋季。秋分后，昼夜温差加大，气温逐日下降。随着湿地中鸣虫的繁殖季到来，每到夜晚，各种悠长的虫鸣就此起彼伏。

秋天夜晚的乐队演奏家

每到秋天，湿地就成了鸣虫的乐园。自然界中善鸣的虫子很多，它们大多属于昆虫纲中的"直翅目"。直翅目昆虫多是植食性，且不挑食，食物包括草根、叶片、花朵、昆虫残骸等。

鸣虫与古人的生活密切相连，这与它们善于鸣叫有关。早在《诗经》中，就提到了至少5种直翅目的昆虫，包括螽（zhōng）斯、草虫、阜螽、莎鸡和蟋蟀。

这些昆虫因具备发出特别响亮声音的能力而被昆虫学家统一称为"鸣虫"。当这些抑扬顿挫的美妙声音一齐在和谐的月光下被奏响时，平平无奇的草地仿佛被赋予了仙境般梦幻的色彩,将人们带入宁静而美丽的世界。

黄脸油葫芦、棺头蟋(见下图棕色昆虫)、草螽和日本纺织娘都是湿地中常见的鸣虫,它们喜欢隐藏在草丛、芦苇荡以及休耕的田野中。这些鸣虫通常选择在夜晚或清晨等相对安静的时间鸣叫,以保证它们的声音更容易被异性听见。观察这些鸣虫需要耐心,要尽量保持自己的行动轻盈,避免发出多余的噪声。这些小虫子往往隐藏得很巧妙,听声音可能就在眼前,但一会儿又会觉得它们好像身在远处。它们的后腿非常发达,稍有风吹草动,就会迅速弹跳,以迅雷不及掩耳之势飞到一米开外。因此,寻找这些可爱的小虫子需要保持耐心,静心聆听。

由于这些小昆虫数量庞大,如螽斯(见右图绿色昆虫)在一年内能够繁殖2—3代且叫声响亮,它们成为昆虫界中引人注目的存在。古人将观察到的鸣虫活动规律与季节月份相联系,

形成了一些有趣的记录："五月斯螽动股，六月莎鸡振羽。七月在野，八月在宇，九月在户，十月蟋蟀入我床下。"这些简单而重复的虫鸣调子从初夏延伸至深秋，虽然平凡，却让人心旷神怡。

不同鸣虫的声音特征，如频率、节奏和音调等各有不同，但发声原理都是振动，类似于人类通过声带振动发声。直翅目鸣虫声音的秘密藏于两片薄翅的振动中。蟋蟀类鸣虫的前翅表面一边长着锉刀状的翅膜——弦器，另一边长着较硬的翅膜——弹器。当这两种发音器相互摩擦时，就能发出声音。而在螽斯类鸣虫的左前翅臀区有一个圆形的发音锉，锉周围有一圈硬化的弯曲翅脉，中间横贯一条翅脉，上有小齿组成音锉；右前翅上边缘硬化成刮器，当音锉与刮器摩擦就可以发出不同音调的声音。鸣虫翅之间颤动力度的差异，甚至翅膀隆起的高度都会影响声音的强弱变化和音质的明暗转换。这种发声机制使得鸣虫具备对远方异性表达仰慕以及对入侵领地的雄性发出警告的能力。

人们还为鸣虫家族各式各样的声音赋予了或深沉悲伤或欢欣愉悦的情感。这些声音不但为小院的篱笆、湖边的芦苇丛、公园的草地增添了生动的色彩，也点缀了人们的日常生活。

寒露

195°

太阳到达黄经195°时为寒露。寒露的『寒』表明了天气特征，天气会变得渐渐寒凉。此时雨季结束，湿地中的环境变为昼暖夜凉。万物开始为进入冬季做准备。

草丛里的"武学高手"

草丛中潜伏着一种喜欢阴凉的大型昆虫——螳螂，它们通常在下午阳光渐弱后才开始活动。螳螂的外形令人过目难忘，它总是庄重地抬起前半身，与地面形成近60°的夹角；它宽大的腹部上披着一层绿色的薄翅，如同一件拖到地上的长袍。螳螂静止不动时，一双前足常被收拢在胸前，活脱脱一副祈祷的样子，因此它在国外常被称为"祷告者"。

螳螂静默祈祷的外表、苗条的细腰及缺少大颚的头部（螳螂三角形的头部前只有一张又细又尖的小嘴）常让人误以为它是一种文静的昆虫。实际上，螳螂可是昆虫界的武学大师，时刻威胁着湿地内普通居民的虫身安全。螳螂最有力的武器就是特化成捕捉足的前足。其前足由几乎等长的基节、腿节以及胫节组成：腿节粗壮如同阔刀，上面错落有致地生长着数个平行的尖齿；胫节前端弯曲成镰刀状，内侧也布满成排的小尖刺，股节和胫节折叠时正好可以牢牢夹住猎物。胫节镰刀背面前端是跗节和取代了前跗节的爪，在螳螂爬行过程中，跗节和爪可轻松抓住植物、岩石等。

一般人没数过螳螂前爪上的刺：一是因为不同种类的螳螂间存在差异，二是因为螳螂震慑力极强的伪瞳孔让人不敢持久与其对视。伪瞳孔通常表现为一个小黑点，像是脊椎动物的瞳孔，无论人们怎么移动，伪瞳孔似乎总是对着他们，给人

一种螳螂在转动眼珠的错觉。实际上，这是因为螳螂眼中正对我们视界的复眼中的视杆细胞吸收了我们视轴的光，所以呈现黑色。

作为广食性的掠食者，螳螂几乎从不挑食，只要是移动的物体便是它们捕捉的对象。不仅仅是昆虫，青蛙、小蛇、小型哺乳动物等都有可能成为螳螂的食物。即使面对蜥蜴或鸟类等大型动物，螳螂也不会示弱。它先猛然跳出一步，耸立起身体，然后竖起翅膀，卷起腹部，并扬起两把大刀般的前足，做出一副要砍向敌人的样子来恐吓对方。一旦猎物或对手进入其威慑范围内，螳螂会迅速抡下两把"锯齿铁钩"，并用前肢夹住对方。在整个过程中，螳螂的四条后足（两对步行足）可以一直稳稳地支撑在树枝上，维持其身体平衡。

传说在明末清初时，一位拳师在比武失利后，偶然间观察到螳螂捕蝉的技巧，之后便以螳螂捕蝉的动作为基础，融合当时中国北方十八家名门拳法，创立了一套包含十二项招式的"螳螂拳"。这套拳法长短兼备、刚柔并济、勇猛快速，充分展现了螳螂在自然界中娴熟的捕猎技巧。

像"螳螂拳"这样通过模仿动物形态而创建的形意拳还有很多，如模仿虎、鹿、熊、蛇、鹤、豹等创建的拳法，这些拳法既重技击又重力量，还兼具养生功效，是人类动静养生理念的理想体现。看似渺小的螳螂却能在武学中谋得一席之地，这也从侧面印证了螳螂确实是一位非常高明的"武学大师"。

霜降 210°

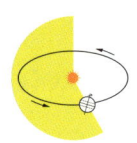

太阳达黄经210°。时为霜降。霜降时节,天气渐寒。霜降不是表示『降霜』,而是表示气温骤降、昼夜温差大。以蜉蝣为代表的湿地昆虫将绽放最后一次异彩。

屁事大曝光

10月底,湿地内昆虫们越冬的准备工作接近尾声。聪明的蛾类把蛹挂在向阳的位置,苍蝇也时刻准备钻进室内,找个温暖的角落把自己藏起来。大多数昆虫以卵或者幼虫形态越冬,但仍有少数昆虫以成虫形态越冬。以成虫形态越冬的昆虫不仅要把肚子填饱,以储备冬季需要消耗的能量,还要找到能够遮风挡雨、度过冬天的场所。此时泡桐树干基部的树皮裂缝处,已经聚集了几只打算凑在一处取暖越冬的麻皮蝽,它们黑灰色的背部上长着一些细碎而不规则的黄斑,不仔细看很难发现。

麻皮蝽呈扁平的梨形,头部小而尖,腹部和尾部却又大又

圆。虽然这种身材让人难以恭维,但它们体内的油脂含量超过50％,油脂中的棕榈油酸比例更是可以与优质的脂肪酸相媲美。可能是因为它们太胖了,导致栖息的树干稍有震动时,麻皮蝽就不由自主地松开爪子,掉入树丛中。当然,麻皮蝽也擅长利用飞翔逃避危险,气温的高低决定了麻皮蝽受惊后选择飞走还是就地落下假死。如果是温度很高的正午,麻皮蝽会迅速逃飞;如果是早晚阴凉的天气,它们就会直接坠地。

这种不起眼的小虫子还是一群"放屁大王",它们的尾部具有发达的臭腺。当遇到危险时,麻皮蝽的两片前翅微微翘起,"突"地发出一声炸裂的声音,并喷出一种挥发性极强的臭虫酸,味道非常刺鼻,可以迅速吓退敌人。可不要小看这一点点剂量的臭虫酸，如果人眼被溅到，可能会引起眼睛刺痛、眼眶肿胀，起码一个月才能痊愈。这样不拘小节的御敌方式，使得它们获得了一个非常有味道的名字——"放屁虫"。

除了麻皮蝽，"昆虫化学家协会"中还有很多与其"臭味相投"的种类，比如斑蝥（见下图），一种比麻皮蝽苗条、鞘翅的颜色也更鲜艳的甲虫（以黑黄小斑蝥为例），它们可以释放斑蝥素。据说，斑蝥素这种化学物质经过炮制后还有抗癌的功效，不过这个结论需要更多的科学研究来证实。要是在林间和斑蝥

面对面接触，最好不要轻易去触碰它们。因为斑蝥分泌的这种辛辣的黄色液体，对人体细胞组织有强烈的刺激作用。

屁步甲的成虫常喜欢聚集在沙石土块堆的缝隙中越冬，它们因尾部进化出一种独特的"高能大炮"而在"昆虫化学家协会"中赫赫有名。它们的尾部大炮由分泌腺、贮液室和反应室三部分组成。分泌腺产生对苯二酚和过氧化氢，平时保存在贮液室内。当危险来临，混合液会进入反应室与酶混合产生剧烈的化学反应，生成温度高达100℃的苯醌类混合液和氧气。像摇过的可乐一样，体积剧烈膨胀的氧气，会带着苯醌液滴从屁步甲腹部尾端的两个小孔中喷出。这种液体足以烫熟敌人的皮肤，让其他动物"望而却步"。

另外，一些瓢甲在遇袭的时候也会"放屁"自卫。它们的腺体开口在足部关节处，能分泌出一种极其难闻的黄色液体驱赶敌人。凤蝶幼虫（以柑橘凤蝶为例）的背部有个分叉的"臭丫腺"，在遇到危险时，臭丫腺会突然伸出，并发出臭气，吓走敌人。这些昆虫化学家看似"臭味相投"的"放屁"行为，是它们实现自我防卫的手段，看似简单粗暴，却蕴含着丰富的化学知识。

立冬 | 小雪 | 大雪 | 冬至 | 小寒 | 大寒

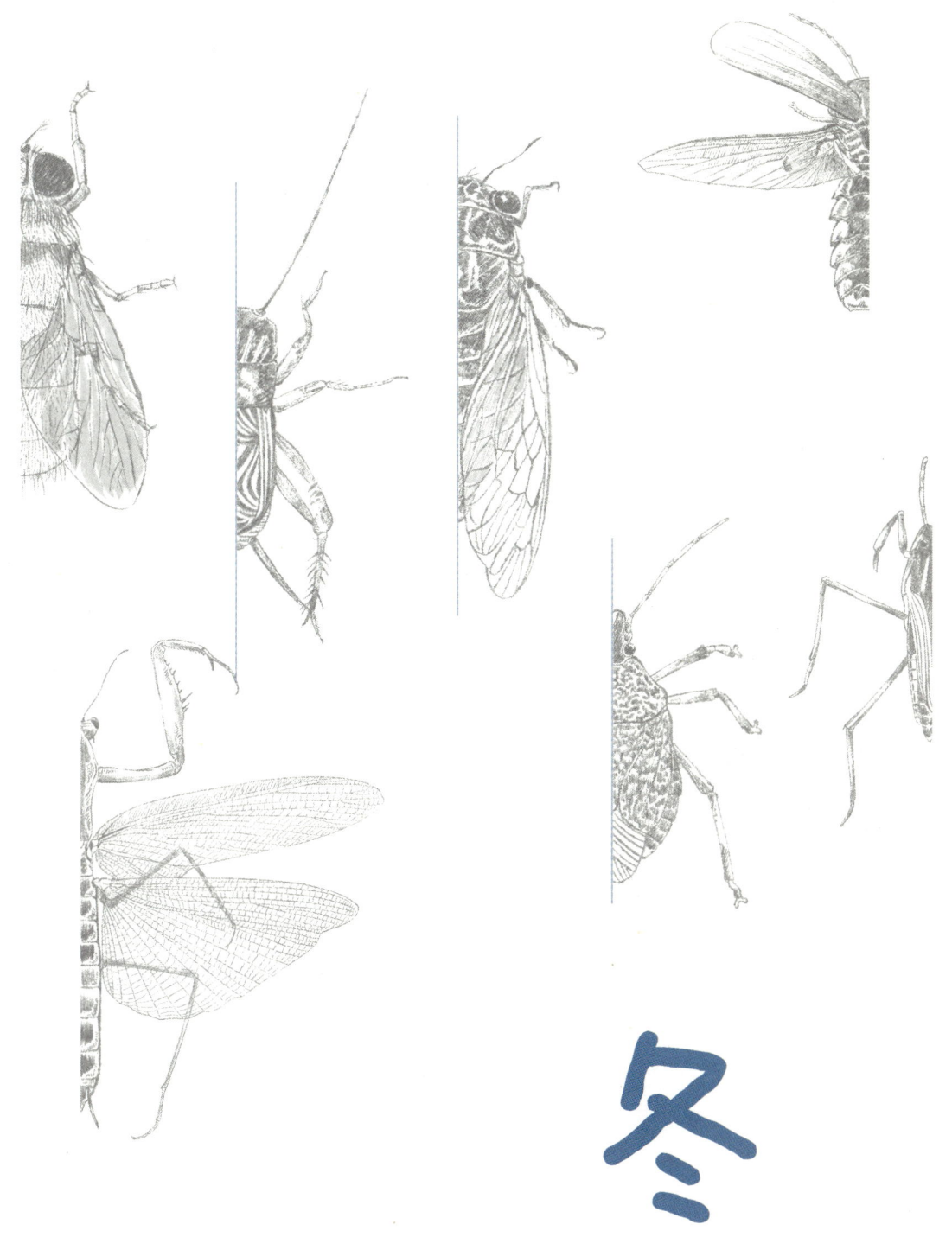

冬

Winter 11.7—2.3

立冬

225°

太阳到达黄经225°时为立冬,是冬季的起始。立,建始也;冬,终也,万物收藏也。立冬,意味着生气开始闭蓄,万物进入休养、收藏状态。此时湿地中的生物已是罕见。

头上有犄角

随着寒冬的逼近,黑脉蛱蝶幼虫纷纷从朴树上爬下,寻找可以躲藏的越冬场所。合适的虫态和越冬场地是所有昆虫能熬过漫长冬季的关键。黑脉蛱蝶选择在幼虫阶段越冬,它们会躲藏在地表落叶中几乎不吃不动,直至第二年4月才会苏醒。这种越冬策略使得它们能够在寒冷的季节,减少能量消耗。

黑脉蛱蝶是一种全变态昆虫,一生需要经历卵、幼虫、蛹、成虫四个生命周期,幼虫期是持续时间最长的阶段。在这个阶段中,幼虫需要不断进食,以储存足够的能量,为生命的下一个阶段提供支持。随着幼虫的食量增加,它们长得越来越大。当外表皮无法再支撑身体时,幼虫就会蜕皮。经过几次蜕皮后,幼虫才能化蛹,并最终化为蝶。

黑脉蛱蝶的幼虫期分为5个龄期。刚刚孵化的幼虫会先吃掉自己的卵壳,再脱去头壳,长出像角一样的棘刺,这时它们的头部又黑又大,身体呈青绿色。3龄后,它们的食量继续增加,棘刺也逐渐变长,愈发像长着犄角的小青龙。幼虫会互相争夺地盘和食物,它们打架时就用头上的棘刺互顶。越冬期

间，幼虫会将体色调整为与落叶相似的枯黄色，头上仿若龙角的棘刺也会变短，这样能使它们更好地融入环境，避免被天敌发现。越冬期结束后，幼虫会爬到树梢高处，吐丝成垫，并用丝垫将尾部黏结在树枝上，头向下悬挂。它们在完成最后一次蜕皮后就会变成蛹。这时蛹的外形会拟态成树叶模样。

黑脉蛱蝶成虫最典型的特征是后翅亚外缘后半部有4—5个醒目的红色斑纹。翅面呈黑色底脉，托上白色花纹，与红色斑点相得益彰，整体色彩搭配非常美丽。它的翅膀由翅膜、翅脉和鳞片组成。翅膜是蝴蝶翅膀的主要部分，提供升力，支持黑脉蛱蝶在飞行时保持优美的姿态。而翅脉则像骨架一样，在翅膜上起支撑作用；同时，翅脉也是传递昆虫体液的通道。以上两点是所有昆虫翅膀共同的特点，为昆虫飞行提供了关键支持。比较特殊的是黑脉蛱蝶翅膀上的鳞片，这些鳞片是附着在翅膜上的额外结构，是蝴蝶和蛾类昆虫独有的特征，也是将它们归类为鳞翅目的原因之一。

蝴蝶翅膀表面密布数十万至百万片鳞片，这些鳞片排列整齐，有的本身就含有色素，有的依赖微观结构呈现结构色。鳞片对于蝴蝶的颜色来说至关重要，通过不同种类鳞片的排列，蝴蝶可以展示独特的色彩用于求偶、隐蔽或恐吓。有时候，很多蝴蝶成虫会在树冠上层来回飞行，展现强烈的占域行为。

小雪

240°

太阳到达黄经240°时为小雪。小雪是反映降水和气温的节气，它的到来意味着天气会越来越冷、降水量渐增。此时还能活跃的昆虫纷纷转入地下，大地一片寂寥。

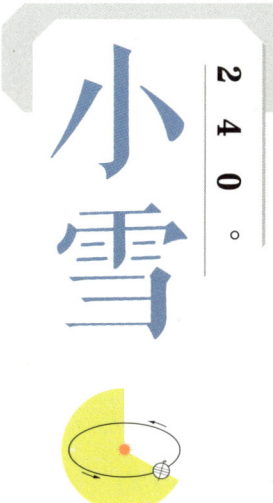

井然有序的王朝

蚂蚁是地球上分布最广、个体数量最多的昆虫，无论我们身处何种环境，只要仔细观察，总能发现蚂蚁忙碌的踪影。蚂蚁的存在影响着它们周边无数动植物的进化。

蚂蚁中的工蚁主要捕食昆虫和蜘蛛等小型动物，它们会组成运输队，把90%以上的猎物运回巢内作为食物。蚂蚁在搬运植物种子的过程中，种子会散落在沿途；当它们吃不完时，种子会散布在巢内外。这些都为扩大植物物种的生存范围起了积极的作用。它们疏松的土壤比蚯蚓疏松的更多，并且由此使大量营养物质得到了循环，对陆地生态系统的健康发展起到了

至关重要的作用。

作为高度社会化的昆虫，蚂蚁社会中的个体天生具有极强的组织性、纪律性，它们以清晰的分工协同工作，从不计较个体的得失。当蚁群遭受水患、火灾等生存威胁时，蚂蚁不会独自分散逃亡，而是聚集在一起，用最外层蚂蚁的躯体和生命为内层伙伴开拓求生之路。它们非常清楚，只有在群体中共同合作，才能延续整个族群的繁荣，一旦落单或离开都将迅速死亡。

蚂蚁还是动物界著名的建筑师之一。它们会利用发达的上颚挖掘土壤、搬运沙土，精心建造出独特的蚁穴。这些地下巢穴，常常拥有曲折迂回的隧道，有些甚至可以深达3—4米。隧道的设计可以帮助蚂蚁更好地适应不同的气候条件，深层用于避寒，表层则用于避暑。巢穴内部通常分层筑室，这样既能有效地利用空间，又能为整个蚁群提供相对安全、有序的居住环境。蚁穴内每个房间都有特定的功能，如摄食区、幼虫区、贮藏区和女王房等。工蚁在这些区域之间分工合作，使整个巢穴的运作高效有序。

大部分蚁穴中执行的是"母系社会"制度，无论是忙于工作的工蚁还是巡逻、作战的兵蚁都是雌性，蚁后在其中拥有最高的地位。雄性蚂蚁数量相对要少得多，它们有翅膀可以飞行，复眼和生殖器都很大，却对这个蚁穴的价值很低，主要作用就是在"婚飞"中和其他蚁群的蚁后交配，且完成交配后，不久就会死亡。

蚁穴中年轻的工蚁负责照料蚁后、哺育幼工蚁、修补蚁穴和从事其他劳动；老工蚁则承担着四处觅食、在前线充当哨兵或前线迎敌等危险工作。一些死亡稍久的蚂蚁，因为体表散发出臭味，就会被搬到蚁穴的垃圾站中，和其他不能食用的猎物遗骸放置在一起被丢弃。

可别觉得蚂蚁们无情，自然界就是这样，大到一头沉没在海底的鲸鱼或者一根腐朽的原木，小到一只坠落的小鸟或者一朵被采撷的花朵，都注定会被分解。尽管人类曾站在自己的立场调侃过蚂蚁"蚍蜉撼大树，可笑不自量"，但"群蚁排衙"的壮观时刻提醒着我们，不要小看任何一种生物。

大雪

255。

太阳到达黄经255°。时为大雪，标志着仲冬时节正式开始。大雪期间，全国气温显著下降，北方冷空气越发活跃，降水量增多，湿地中越发显得安静冷清。

愿意付出一切的"折纸大师"

宁静的湿地中有一类昆虫天生与众不同，它们的头扁宽，触角如丝，前胸背板呈方形，前翅特化为极小的革翅，体尾末端有一对用于防御的钳状尾铗。这就是俗称"耳夹子虫"的蠼螋（qú sōu）。传说蠼螋会钻耳繁殖，并在耳道内筑巢，进而吃掉寄主的脑子。这种说法没有现实依据，只是蠼螋喜欢生活在狭窄、幽暗、湿润的隐秘场所而导致的误传。

蠼螋在"折纸"这件事上拥有极高的天赋，当然并不是说它真的会折纸，而是它可以将超大的后翅轻松地折成小小一块，藏在已经特化的小小革翅下。蠼螋的后翅由翅脉和翅膜组成，翅脉上有独特的拉伸结构，连接着每一片被分开的翅膜。这些纵横交错的拉伸结构就像一个个小小的弹簧。蠼螋的翅膀会在弹性作用下自动折叠成扇形，再进行两次对折，翅膀大小就变成原来的1/12左右。

这种自折叠能力在动物世界里几乎是独一无二的存在，为科学家提供了丰富的灵感，尤其是在卫星和太空航天器的设计中。科学家们成功地将类似的自折叠机制应用于卫星和太空航天器的帆板上。帆板可以被自动折叠成小块，以减少在运输过程中占据的空间。一旦卫星进入太空，这些帆板就会自行展开，形成稳定的结构。这项技术的应用不仅减小了卫星负载的重量和体积，还提高了帆板的展开效率和稳定性。

蠼螋的雌、雄虫都有尾铗，但雌虫的尾铗结构更大。尾铗可以用来抵御天敌，如果敌人在蠼螋举起双铗示威之后仍不退缩，蠼螋还会用腹部第3、4节的腺褶放出臭气来把敌人熏跑。蠼螋不挑食，包括植物碎屑、小昆虫残体，甚至蝙蝠或鼠类的遗体。因此，很容易让人把蠼螋与肮脏、阴暗和腐烂联系在一起，从而厌恶它们。

然而，这种厌恶的情绪对蠼螋来说并不公平，它们算得上是昆虫界最温柔的家长。喜好独居、毫无社会性的蠼螋妈妈产卵后，会趴在卵上，就像老母鸡孵小鸡一样"孵蛋"。在这个过程中，它会检查每一个孩子的健康状况，还会将卵表面清理干净，避免卵被真菌侵染。当幼虫咬破卵壳出来后，蠼螋妈妈仍然会每天把食物带进巢内喂养它的孩子。如果有孩子不小心爬出巢穴外，蠼螋妈妈就会急忙将它们送回巢穴。

蠼螋妈妈之所以如此细致地看护子女，是因为蠼螋有互食的习惯。成年蠼螋经常会光顾其他同类的巢穴，趁着巢穴无人看护时，偷吃别人家的卵来增强自己的体力，以照顾自己幼小的孩子。同时，蠼螋宝宝之间也时常自相残杀，先孵化的蠼螋有时会吃掉较晚孵化的同胞，它们可不管血缘关系，只要吃饱就行。

几个月坚持不懈的照顾，有时会让蠼螋妈妈不堪重负、力竭而死。但它对自己子女的奉献精神并不会随着生命的终止而停止。逐渐长大的小蠼螋会在饥饿时吃掉妈妈的遗体。这是蠼螋妈妈为子女做的最后的奉献，它们在生前无微不至地照顾孩子，又在身后为后代提供离巢前独立生存所需的后备能量，着实让人惊叹不已！

冬至 270°

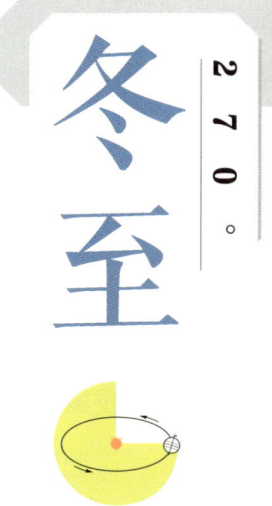

太阳到达黄经270°时为冬至，是北半球各地白昼最短、黑夜最长的一天。由于地表尚有"积热"，冬至之前通常不会很冷，在湿地的枯枝落叶下仍有昆虫活跃着。

湿地环卫工

深冬的湿地，落叶下尚有余温，蜚蠊还在积极分解着秋天积累下的枯枝落叶、动物粪便。蜚蠊就是我们俗称的蟑螂，它是一种起源于石炭纪晚期的古老物种。在人类世界中，它们的名声并不好，却是湿地中不可或缺的分解者。那些连苍蝇都不吃的脏东西，都需要蜚蠊来分解。它们孜孜不倦地工作，让自然界的垃圾不至于继续腐败、发臭，避免了细菌滋生。垃圾经蜚蠊分解转化后产生的腐殖质，还会加快湿地中的物质循环，促进湿地植物茁壮生长。

蜚蠊喜欢臭味，很多植物在开花时也会散发腐臭味，这让忙碌的蜚蠊当之无愧地成为重要的传粉昆虫。在大自然中，80％的蜚蠊都有为植物传播花粉的本领。例如，生长在印度尼西亚爪哇和苏门答腊等地的热带雨林中的大王花和巨魔芋味道很大，连蝴蝶、蜜蜂等都不会造访。蜚蠊就不嫌弃它们的味道，愿意帮助它们传粉。

在漫长的几亿年演化过程中，蜚蠊形成了多样的生殖方式：两性生殖和孤雌生殖。其

中两性生殖方式又包含卵生、卵胎生及胎生。这种多样的生殖方式，可以帮助蜚蠊更好地繁衍。

蜚蠊可以说是地球上繁衍演化最成功的物种之一，它们具有丰富的物种多样性。首先是体形多样：最小的蜚蠊仅有2毫米，最大的可达100毫米。其次是体色多样：大部分蜚蠊是深色、无光泽的昆虫，这一特征有利于它们夜间行动；还有一些蜚蠊的体色与树皮或者土壤颜色相近，这种与环境相似的拟态色有助于它们躲避天敌；另外一些色彩艳丽的蜚蠊喜欢栖息在阳光充足的灌木叶片上。最后是食性多样：生活在不同栖息地的蜚蠊以不同的食物为食，大部分蜚蠊取食落叶，有时也会取食其他动物（大部分是昆虫）的尸体。

提起蜚蠊时我们总是谈之色变，其实寄居在人类生活场所的蜚蠊只有10种左右，不到蜚蠊类群中的1%。这些蜚蠊原本生活在野外，人类大兴土木、建造房屋后，一部分蜚蠊顺势移入民居。通过在自然界中练就的环境适应能力，它们迅速适应了人类环境，这里既避风寒，又不缺吃喝，更无天敌，自然成为蜚蠊的安乐窝！

人类总是梦想创造一个无害虫的世界，也无所不用其极地清剿包括苍蝇、蜚蠊在内的害虫。但昆虫存在的历史表明，蜚蠊不但能从远古生存到现在，而且可能比人类存在更久。昆虫可以不依赖人类而存在，而人类却要依赖昆虫而生存。所以，人类要学会与昆虫建立共存之道。

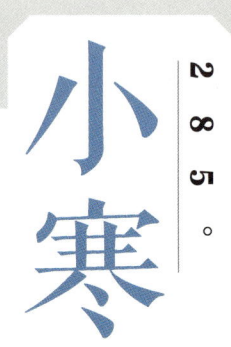

小寒

285°

太阳到达黄经285°时为小寒。太阳直射点还在南半球，北半球的热量仍处于散失状态，白天吸收的热量还是少于夜晚释放的热量，因此北半球的气温仍在持续降低。

休眠"武士"和它的孩子们

零星的雪花从空中飘下，整个湿地仿佛被覆盖了一层洁白的绒毯，枯黄褪色的植被渐渐融入这一片纯净的浅白中，展现出一种宁静而淡雅的美。随着气温的持续下降，湖面结起一层薄冰，偶尔阳光透过云层的缝隙，照射在冰面上，闪烁着淡淡的光芒，竟有点儿像星星铺在眼前。

这样看似寂静的湿地中，依旧有着顽强的生机在涌动。湿地中的动物们并没有因寒冷选择离开，而是找到了各自的生存之道。树皮下、朽木中、巨石下和洞穴里……这些看似不起眼的地方，都成了小动物最好的避风港。比如，池塘边那片树林，检查一下树干的缝隙，说不定就会有意想不到的收获！尤其在栎木林中，很可能发现让人欢呼雀跃的大甲虫——中华大扁锹。

中华大扁锹是一种身体极度扁平、暗黑色的甲虫。雄性扁锹头部装饰有一对可以开合的大颚，形状类似于日本武士头盔上的装饰物。这对大颚是它们的武器，在繁殖季节还可以用于同性之间争夺配偶的打斗。当两只扁锹狭路相逢时，它们会不停地摆动触角，好像是在相互试探彼此接下来的举动。随着试探的推进，它们的大颚渐渐触碰到一起，战斗一触即发。它们开始尝试使用自己的大颚不停地伸向对方的底盘，试图在一次次昂头的过程中将对方掀翻！如果有一方不小心失去了平衡，另一方可能会抓住机会，用大颚夹住对方的身体并高高举起几秒，像是在宣告战斗的胜利。被举起的一方则会士气下降，不停地挥舞着6条腿讨饶或通过静止（假死）的姿势减少伤害。落败的扁锹很可能因为受伤而活不过当年的冬天。

我们在栎木林中发现的这一只，一定是盛夏中幸存的战斗英雄吧！此刻，它一动不动地藏在树干缝隙里，每条腿都收缩得非常紧，只有触角轻微的抖动显示出它只是睡着了，明年春天，它才会醒来……

在栎木林中，倒伏的朽木不仅隐藏着扁锹成虫的秘密，还庇护着它们的家族。"病木聚虫生，大剪从中来。"所谓"病木"，指的是那些潮湿、发黄并覆满不明菌类的朽木，它们是扁锹雌虫产卵的首选之地。当卵孵化，晶莹剔透的幼虫便靠啃食周围的纤维素和菌类，慢慢长大。到了冬天，它们依靠之前体内存储的能量和朽木的掩护来抵抗严寒。如果此时我们用镐头击穿这些朽木，便能看到众多幼虫聚集一处的景象。

作为变温动物，昆虫的体温会随着环境温度的变化而变化。整个冬天，它们不吃不动，就像睡着了一样。然而，不吃不动只是表象，它们的体内其实发生了很多变化。

"耐冻"是昆虫低温生存策略中一种重要的生存方式。一些昆虫能够忍受体内水分结冰的情况，这是因为它们体内能产生一种特殊的抗冻蛋白，可以在低温环境下发挥重要的保护作用。这种蛋白质具有两项主要功能：一是降低体液的冰点，即使环境温度低于正常冰点，昆虫体内的水分也能保持液态；二

是抑制冰晶的生成,避免冰晶对细胞造成物理损伤。

"冷冻保护脱水"是一些昆虫在寒冷季节减少体内水分含量,从而减少结冰可能性的一种生存策略。这种方法通常伴随着昆虫代谢率的降低,使昆虫进入一种类似休眠的状态,以减少能量消耗来提高在低温环境下的生存概率。

"玻璃化"策略是一种相对少见但极为有效的低温生存策略。某些昆虫在极低温度下能够使体内液体直接转变为玻璃态,即超级冷却液体而不形成冰晶。在这种状态下,昆虫的生物分子被固定在一个静态的结构中,避免了由于冰晶形成而引起的机械损伤。

除了上述这些直接的生理适应策略,昆虫还通过一系列行为适应来应对低温环境。例如,一些昆虫会选择在冬季聚集生活,通过社会化集体产生的热量来提高生存率。此外,昆虫还会利用外界热源,如太阳光或地热来调节体温。

昆虫的低温生存策略是其长期进化过程中对环境变化适应的结果。这些策略不仅增加了昆虫在寒冷季节的生存机会,还丰富了人们对生物多样性和生态系统功能的理解。

大寒 300°

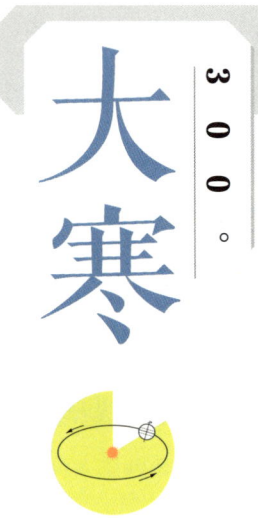

太阳到达黄经300°时为大寒。此时寒潮南下频繁，是一年中最寒冷的时节。大寒在岁终，冬去春来，大寒一过，万物又开始一个新的轮回。

奇妙的真菌农场

尽管地上世界已经一片萧索，地下世界却有一个温暖的"农业王国"。这个王国的居民是体长不足1厘米的白蚁，它们的工作依旧十分繁忙。白蚁中的工蚁需要细心照顾菌圃的菌丝，保证其茁壮生长，这样不但可以满足整个种群的食物需求，菌圃产生的热量还能让整个蚁巢温暖如春。白蚁的真菌培植技术，就如同人类的农耕技术。

很久以前，白蚁的祖先们依赖肠道共生的鞭毛虫分解木质素，但这种低效的消化方式限制了种群的发展。约3000万年前，在漫长的进化过程中，一些高等白蚁肠道内突然缺失了鞭毛虫共生，从而失去了体内分解木质素和纤维素的能力。就在种群面临灭顶之灾时，一些生活在非洲热带雨林地区的白蚁找到了活下去的方法。它们发现，被粪便包裹的木质碎屑上会自然生长出鸡枞菌，这种真菌分泌的酶能高效降解木质素，而分解产物恰好是白蚁能吸收的小分子糖类。一场跨物种的合作就此展开，"白蚁农业"开始阶梯式进化，从偶然取食野生菌丝的采集阶段，发展到用粪便为真菌创造生长环境的半驯化期，最终进化为建造专用菌圃，发展出包含播种、施肥、除草等完整农艺的精耕时代。

黄翅大白蚁是湿地内最常见的培菌白蚁，兵蚁体形远大于工蚁，头部好像一个巨大的深黄色长方形盒子，"盒子"前端长着一对弯曲如镰刀的发达上颚。黄翅大白蚁的蚁巢（堪比现代化农场）常建于地下1米深处，是个大型腔室，横径可达1米以上。巢体上部或外围由数十层互相联结的薄泥片层构成，薄片一层叠一层，具有保温、保湿的功能。蚁巢的主体是菌圃，菌圃为质轻孔多的海绵状组织，呈不规则的长条形。菌圃间有一些似假山形的泥片或泥骨架，通过镶接相邻的菌圃和支撑上下菌圃而形成菌圃团。这种建筑结构可以扩展蚁巢的空间位置并保持巢形完整，能容纳几十万只白蚁于其中正常生活。

白蚁巢还具有智能温控和防霉功能：蚁巢外覆盖的厚土层具有保温功能，而代谢热使蚁巢温度常年保持25—28℃，比人类设计的空调还稳定；土层上保留的排气孔使巢穴的湿度维

持在65%—85%之间，避免鸡枞菌干瘪；巢内二氧化碳的浓度约是地面（一般为0.03%）的100倍（约为2.7%），这种高浓度二氧化碳的环境，可以抑制其他菌类的萌发和生长，从而保障了鸡枞菌在菌圃中的优势地位。最神奇的是，菌圃会"新陈代谢"：白蚁不断在菌圃上部添加新粪便，菌圃底部的物质则不断被共生菌分解利用，并成为白蚁的食物。这简直就是天然循环经济！

为了优选育种，白蚁工蚁会在合适的季节将带有菌丝的菌圃碎片运到巢穴外。等到雨水充足的时候，菌圃的表层会长出子实体，而子实体成熟后产生担孢子并将其弹射到地面上。白蚁收集担孢子

后，将其运送回蚁巢内重新接种。白蚁的这种行为不仅协助了共生菌的传播和扩散，还促进了真菌的基因交流。此外，共生真菌能在巢穴内旺盛生长，还得益于白蚁不断地从口中分泌出的化学物质，这些物质可以抑制其他菌类的生长。清除了菌圃上的杂菌，便能确保鸡枞菌在竞争中占据有利地位。同时，废弃后的菌圃还能转化为白蚁育幼室的保温材料，真正做到物尽其用。

当寒冬冰封地表，白蚁的菌圃却在温暖的地下持续孕育生命奇迹。这些不足指甲盖大小的地下工程师，用百万年进化出的立体农业系统，完美诠释了自然界的永续智慧——它们拥有"智能温控"技术，让真菌与巢穴构成精妙的生态链；不依赖化学肥料，仅凭代谢循环就完成养分再生。这方寸之间的微型农场，恰似一部写在土壤里的启示录，提醒着人类：真正的可持续发展，不在于征服自然，而在于与万物共生共荣。或许某天，当我们观察这些地下工程师时，会顿悟人类文明的终极密码，就藏在这群"六足农夫"编织的生命经纬中。